机器视觉智能检测技术
及典型行业应用

汪 俊 李大伟 张 沅 著

科 学 出 版 社

北 京

内 容 简 介

随着我国经济、科技、技术的快速发展,自动化、智能化、信息化、智慧化技术已成功应用于汽车、航空航天、钢铁、复合材料、精密电子等多行业生产制造,推动我国制造业向着更高精度、更高效率、更高质量的方向发展。机器视觉智能检测技术作为推进我国制造业迈向自动化、智能化方向发展的关键一环,已经为我国智能制造的快速发展贡献了显著力量。

面向多行业复杂场景的智能化检测需求,机器视觉智能检测技术基于高精度、高质量成像技术,图像处理技术,人工智能分析技术,结合自动化执行系统,配合第三方软件平台,可实现面向汽车、航空航天、钢铁、复合材料、精密电子等多行业复杂场景的智能化检测与测量需求,保障产品的生产质量,促进产品的生产效率。

本书主要适用于从事机器视觉、自动化领域的研究者,机器视觉相关技术从业者及生产制造企业工艺质量相关从业人员。

图书在版编目(CIP)数据

机器视觉智能检测技术及典型行业应用/汪俊,李大伟,张沅著. —北京:科学出版社,2023.6
ISBN 978-7-03-075121-8

Ⅰ.①机… Ⅱ.①汪… ②李… ③张… Ⅲ.①计算机视觉-检测 Ⅳ.①TP302.7

中国国家版本馆 CIP 数据核字(2023)第 040739 号

责任编辑:胡文治/责任校对:谭宏宇
责任印制:黄晓鸣/封面设计:殷 靓

科 学 出 版 社 出版
北京东黄城根北街 16 号
邮政编码:100717
http://www.sciencep.com

南京展望文化发展有限公司排版

广东虎彩云印刷有限公司印刷
科学出版社发行 各地新华书店经销

*

2023 年 6 月第 一 版 开本:B5(720×1000)
2024 年 11 月第八次印刷 印张:15
字数:259 000

定价:120.00 元
(如有印装质量问题,我社负责调换)

前　　言

近些年,我国已成为制造业大国,正进一步向着制造强国迈进。智能制造技术作为我国迈向制造强国的重要战略之一,生产自动化、智能化、信息化、智慧化已成为我国制造业向着更高效率、更高质量、更高精度发展的必然选择。机器视觉智能检测技术作为我国迈向制造强国的关键技术之一,保障了我国制造业产品质量、生产效率、可靠性与稳定性。

人工智能技术的快速发展为面向复杂制造业场景的检测与测量问题带来了全新的解决方案与技术手段,大大促进了机器视觉技术的快速发展,间接带动了我国制造业向着更智能的方向发展,提高了制造业的自动化、智能化水平。

制造业产品质量直接影响产品的性能,关乎企业形象与价值。首先,机器视觉技术可代替人的眼睛起到产品质量监督的作用,排除由人工工作疲劳导致的漏检、错检的问题,解决由主观因素导致的标准难执行甚至无法执行的问题,基于机器视觉的智能检测技术可以有效保障产品质量与一致性,且可严格执行产品质量评价标准,形成真正意义上的产品质量在线监管,保障制造产品生产质量的一致性。其次,机器视觉技术识别精度高,高精度检测与测量技术是机器视觉技术的特征,可观测人眼难以观测甚至无法观测到的微观质量状况,可实现产品从宏观到细微观的产品质量全方位评价与把控。最后,机器视觉技术效率高,高效数据采集与分析技术是机器视觉技术的特质,可满足产品高速生成过程中的实时在线检测需求,解决了人工无法检、无法测的问题,保障制造成品生成质量,防止生产资源浪费,提升生产过程产品状态透明化、可视化程度。

本书基于视觉成像技术、视觉图像数据处理技术及人工智能技术进行详细阐述,并结合机器视觉技术于钢铁、航空航天、复合材料及精密电子领域的典型应用,说明基于机器视觉技术的架构体系、功能范围、应用成效,展示机器视觉技术为我国生产制造领域的快速发展带来的可检可测的技术手段,验证基于机器视觉的制造产品质量有效把控的设想,保障我国生产制造领域向着更高质量、更高效率、更高精度的方向发展。

    本书分别从机器视觉技术的发展简介、机器视觉硬件系统构成、经典机器视觉技术、机器学习与深度学习技术等方面进行详细介绍,并结合机器视觉技术在钢铁、航空航天、复合材料及精密电子等领域的典型应用进行说明,带大家深度了解机器视觉技术的构成与应用方法。

作　者

2022 年 12 月

目　　录

第1章 绪 论

一直以来,眼睛被誉为"心灵的窗户",是人类观察世界和认知世界的重要媒介。我们可以通过视觉来观察现实世界中的物体,获取其位置、大小、颜色、状态等信息,这些信息进入大脑后经过一系列的传输、存储、处理,能够帮助人们快速判断物体的名称、类别等属性,最终形成支配一切生命活动和思维的指令,指导人们做出相应的反应。

随着计算机科学技术的不断发展,人们致力于开发研究出一种能够模拟、扩展人类思维过程和行为方式的智能机器,从而在一些极端恶劣的工作环境下代替人工作业,提高工作效率。机器视觉作为人工智能的一个正在飞速发展的分支,充当着智能机器眼睛的角色,具有极其重要的研究意义。

1.1 机器视觉的定义

机器视觉技术是一项涉及多个领域的交叉和综合技术,包括图像处理技术、机械工程技术、控制技术、电光源照明技术、光学成像技术、模拟与数字视频技术、计算机软/硬件技术、生物学技术等。

简单来说,机器视觉就是赋予机器人眼的功能,使用非接触式光学感应设备和传感器接收真实场景中物体的图像信息,并借助图像处理技术从被检测的图像中提取关键信息,将获取的关键信息进行分析、解释和处理,最终应用于实际工业生产过程中的检测和控制。机器视觉技术能够在一些危险恶劣的工作环境下或者人类视觉难以满足要求的情况下代替人眼,在保证安全同时又可大幅提升工作效率。

1.2　机器视觉的发展历史

1.2.1　国外的发展历史

国外对机器视觉的研究起步较早。20 世纪 50 年代,Gilson 提出了"光流"的概念,开展了关于二维图像的统计模式识别的研究;20 世纪 60 年代,Roberts 等为理解三维场景,对三维视觉进行了研究,为机器视觉理论奠定了坚实的基础;20 世纪 70 年代早期,机器视觉正式起步,随后 Marr[1] 提出了 Marr 视觉理论,设计了一套完整的计算理论和方法,并应用于三维重建;20 世纪 80 年代,机器视觉开始进入蓬勃发展阶段,各种新的概念、理论研究、技术框架纷纷涌现,如图像金字塔、尺度空间等广泛应用于由粗到精的对应点搜索;20 世纪 90 年代,相关研究理论和方法不断成熟,机器视觉在图像分类、目标检测、目标跟踪、表面缺陷检测、视觉测量等方面都得到了广泛的应用。

1.2.2　国内的发展历史

我国对机器视觉的研究开始于 20 世纪 80 年代。当时,第一批引进的机器视觉技术主要应用于电子半导体行业,但是由于相关技术人才极度匮乏,厂商主要代理国外品牌[2],同时产品本身存在质量较差、功能较为单一、市场饱和度较低的情况,直至 1998 年,国内的机器视觉技术才逐渐迎来了稳定发展的浪潮。

1998~2002 年,机器视觉技术进入启蒙阶段。随着越来越多的电子和半导体相关的海外企业在上海、深圳等地落户,完整的机器视觉生产线和高级设备引入我国,越来越多的相关技术人员对于机器视觉概念的理解和认知也逐渐加强,机器视觉市场饱和度大大提升。

2002~2007 年,机器视觉技术进入发展初期阶段。国内机器视觉企业开始从学习阶段过渡到本土化阶段,根据自身的需求探索研发相应的基于机器视觉的解决方案和技术手段,逐步占据初级市场。

2007~2012 年,机器视觉技术进入发展中期阶段。大量由中国制造的机器视觉产品流入市场。与此同时,本土企业开始将机器视觉融入自己的业务,如汽车、农业、烟草等行业。经验丰富的机器视觉技术人员和实际的项目、业务经验需求旺盛。

　　2012 年至今,机器视觉技术进入高速发展阶段。在该阶段,我国机器视觉产业已经累积了足够的技术、市场以及行业经验,相关企业如雨后春笋般接连冒出。据统计,截至 2021 年 8 月,国内共有机器视觉相关企业数万家,包括本土的机器视觉企业,如成都市天淮科技有限公司、北京市商汤科技开发有限公司、康耐视视觉检测系统(上海)有限公司等;机器视觉产品代理商,如广州市嘉铭工业自动化技术有限公司、上海方千光电科技有限公司等;专业的系统集成商,如上海矩子科技股份有限公司等,在纺织机械、半导体工艺检测等方面成功应用[3]。

1.3　机器视觉系统的特点

　　一个典型的机器视觉系统应该包括硬件和软件两个部分。硬件部分主要包括光源、镜头、相机、图像采集卡、监视器、控制单元等。软件部分主要包括对输入的图像进行分析和处理的图像处理系统[4]。本质上,机器视觉系统先通过光学系统和工业相机将摄取的图像转换为图像信号传送至图像处理系统;然后在图像处理系统中完成图像信号到数字信号的转变;再配合机器视觉算法对这些信号进行相应的运算来抽取目标的特征,进而做出相应的决策;最后根据决策来控制某种特定装置或设备的动作。与人工作业相比,机器视觉系统具有如下特点:

　　(1) 安全可靠。在实际的工作过程中,机器视觉系统借助非接触式光学设备和传感器来检测物体,避免检测设备与被检测物体直接接触,这不仅能够防止物体在检测的过程中受到损坏,还能够避免系统本身的部件受到磨损。同时,机器视觉系统避免了将工人置身于不安全的工作环境中,最大程度上保证了工人的安全。

　　(2) 稳定性高。在流水线这种包含大批量重复性工作的场景中,工人无法长时间保持稳定且严谨的工作状态,而机器视觉系统不仅不会因疲劳而导致不可预估的错误,而且能够消除人眼在每次检测时造成的细微差别和工人情绪波动带来的影响,具有很高的稳定性。

　　(3) 精度高。采用优秀的图像处理算法并配备适当分辨率(resolution)的相机和光学元件后,机器视觉系统能够轻松检验小到人眼无法看到的物品细节特征。

（4）效率高。机器视觉系统能够在短时间内快速获取被检测物体的特征图像并进行分析,在短时间内可以检测几百甚至几千个物体,同时保持较高的准确率,相比于人工检测,机器视觉系统具有很高的效率。

1.4　机器视觉的主要功能

1.4.1　图像分类

图像分类指的是给定一幅输入图像,根据从其中提取到的图像特征为该图像分配相应的类别标签。根据分类任务中目标个数的不同,可以将图像分类任务划分为单标签图像分类和多标签图像分类。单标签图像分类指的是每张图像只对应于一个类别标签,即只包含一种类别的目标,而多标签图像分类指的是一张图像中包含多个类别的目标。图 1.1 展示了图像分类的结果。

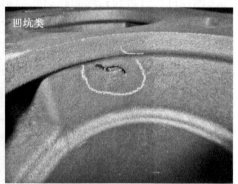

(a) 原始图像　　　　　　　　　(b) 图像分类的结果

图 1.1　原始图像和图像分类的结果

图像分类是机器视觉的核心功能,也是最基础的功能,为目标检测、目标分割、目标跟踪等高层次的机器视觉任务提供强有力的支持。目前,图像分类在很多领域都有广泛的应用,如交通领域的场景识别,医学领域的图像识别、图像检索、姿态估计等。

完整的图像分类过程主要包括图像预处理、图像特征提取、图像分类等。图像预处理阶段最主要的操作为图像滤波,图像滤波主要是为了消除图像生成与传播过程中由于遭受噪声的侵扰而产生的质量问题,较为常用的滤波方法包括高斯滤波、均值滤波和中值滤波等。不同的图像具有不同的特征,这些特征不仅能够突出显示自身图像的性质,还可以作为区分其他图像的依据。图像特征提取阶段就是对特征进行有效的提取,将原始图像投影到一个低维特征空间,得到最能反映图像性质或进行区分的低维度、低冗余特征。在图像分类阶段,需要选择合适的分类器进行训练,完成目标图像的分类工作。

　　传统的图像分类方法大多是按照上述过程进行的,不同方法之间的差异主要体现为特征提取方法和分类器的不同。在提取特征时,主要提取图像的形状、纹理、颜色等底层视觉特征,以及尺度不变特征变换、方向梯度直方图等人工特征。在选择分类器时,主要包括支持向量机(support vector machine, SVM)、决策树等。

　　随着深度学习(deep learning, DL)的蓬勃发展,使用卷积神经网络的图像分类方法逐渐成为主流。目前,常见的可用于发动机铸件表面缺陷检测的算法有 LeNet-5、AlexNet、VGG(visual geometry group network)、GoogLeNet、ResNet 等。1998 年,LeCun 等[5]提出了 LeNet-5 网络,在识别手写数字的任务中取得了良好的效果,错误率仅为 0.7%。随后,Krizhevsky 等[6]于 2012 年提出了 AlexNet 网络,该网络比 LeNet-5 网络层次更深,使用 ReLU 激活函数(activation function)代替 Sigmoid 激活函数,解决了梯度消失的问题,大大加快了收敛的速度;同时加入 Dropout 层,有效防止过拟合的产生。2015 年,Simonyan 等[7]提出了 VGG 模型,进一步加深和加宽了网络结构,该模型使用多个连续的 3×3 卷积核代替 AlexNet 中较大的卷积核,拥有较好的泛化性能。同年,GoogLeNet 由 Szegedy 等[8]提出,不同于 AlexNet 和 VGG 通过增加网络深度和宽度来提升性能的方法,GoogLeNet 引入了由多个卷积和池化操作组装而成的 Inception 模块,以该模块为单位构成了完整的网络结构。GoogLeNet 大大减少了参数量,提高了参数的利用率。2016 年,为了解决网络层数加深后模型准确率大幅下降的问题,ResNet 被 He 等[9]提出。ResNet 使用一种残差结构,主干部分是常规的卷积操作,残差边直接将浅层特征恒等映射到深层网络中,最终的输出部分是两部分输出的结合,这种结构使得构建超深层次的网络模型成为现实。

1.4.2　目标检测

　　机器视觉目标检测功能的主要任务是在图像中找出感兴趣的目标,利用矩形边界框来确定被检测目标的准确位置,并判断目标所属的类别,其本质上是对目标进行定位和分类。图 1.2 展示了目标检测的结果。

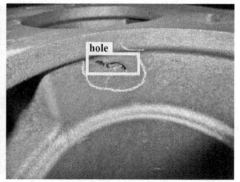

(a) 原始图像   (b) 目标检测的结果

图 1.2　原始图像和目标检测的结果

随着机器视觉技术的蓬勃发展,目标检测在各个领域都扮演着重要的角色。例如,在交通场景中实现智能交通和自动驾驶,检测车辆和行人等目标来保证行车安全;在手机等智能设备中实现人脸识别,方便手机解锁、人脸支付、人脸考勤等;在工业生产过程中进行缺陷检测和外观检测等。

传统的目标检测方法主要包括三个阶段,即候选区域选取阶段、特征提取阶段和分类器分类阶段。在候选区域选取阶段,设置不同大小和比例的多个滑动窗口在输入图像上依次进行从左到右、从上到下的遍历,以此来选取图像中的某些部分作为候选区域;在特征提取阶段,对选择的候选区域进行特征提取,如尺度不变特征变换(scale-invariant feature transform, SIFT)[10]、方向梯度直方图(histogram of oriented gradient, HOG)[11]等特征;在分类器分类阶段,训练合适的分类器,使用分类器对特征进行识别分类。这种传统的目标检测方法会产生大量冗余的检测框,并且速度较慢、精度较差[12]。

目前,基于深度学习的目标检测算法主要分为两阶段检测算法和单阶段检测算法。两阶段检测算法也称为基于候选区域的目标检测算法,以区域卷积神经网络(region-based convolutional neural networks, R-CNN)系列算法为代表,包括Faster R-CNN[13]、Mask R-CNN[14]等。这种算法包含两次目标检测的过程,首先提取图像的候选区域框,然后对候选区域框进行二次修正和分类,虽然检测精度很高,但是检测速度大大减小,无法实现实时目标检测。单阶段检测算法将检测任务看成回归问题,因此也称为基于回归的目标检测算法,以单阶段目标检测器(single shot multibox detector, SSD)和YOLO(you only look once)目标检测器系列算法为代表。这种算法摒弃了提取候选区域的阶段,直接在一个没有分支的深度卷积网络中实现特征提取、候选框分类和回归,检测速度得到较大的提升,但同时相比于两阶段检测算法,其在小目标的检测精度上略有不足。

1.4.3　目标分割

目标分割任务是比目标检测更高阶的任务,在得到图像中各个目标的具体位置和所属类别后,还需要判断各个像素点所属的类别,对不同类别的像素加以区分,进而能够更加精准细致地描绘目标的边界,可以将目标分割任务看成将输入图像划分为多个独立且互不相交的图像子区域的过程。目标分割可以分为语义分割、实例分割和全景分割等。语义分割针对所有的像素点(包括背景类和目标类)进行操作,但对于属于同一类别的像素点不加以区分;实例分割只针对目标进行操作,区分不同类别像素点的同时还需要区分同一类别中属于不同目标的像素点,即将每一个独立的目标进一步分割,相当于目标检测和语义分割的结合;全景分割同时对目标和背景进行实例分割,相当于语义分割和实例分割的结合。

目标分割技术的应用领域灵活多样。在医学影像处理领域,目标分割技术能够将影像中不同的组织、器官、病灶等分割,方便后续的病灶定靶和医学诊断;在地理信息领域,目标分割技术可以精准划分地面上的不同区域,为城乡的建设规划和道路检测提供详细信息;在智能应用领域,目标分割技术可以完成脸部识别,分割人的五官、头发、皮肤等,用于表情、年龄、人种的判断。

传统的目标分割方法主要有以下几种:

(1)基于阈值的分割方法,即采用合适的阈值对图像中的背景和目标进行分割,如图像二值化就是一种最简单、最基础的目标分割方法;

(2)基于边缘检测算子的分割方法,即采用 Roberts、Sobel、Prewitt、LoG、Canny 等边缘检测算子检测出目标的边缘来完成目标分割;

(3)基于区域的分割方法,如种子填充、区域分裂与合并、水域分割等。

但是,传统的目标分割方法大多只是利用了轮廓、边缘、颜色等底层信息,而实际应用中大多需要的是图像整体性的信息,即高层的语义信息。随着深度学习的发展,基于深度学习的经典分割方法投入应用,如应用于语义分割的全卷积网络(fully convolutional networks, FCN)[15]、U - Net[16]、DeepLabs[17-20]等,以及用于实例分割的 Mask R - CNN[14]等。

1.4.4　目标跟踪

目标跟踪利用视频或者图像序列的上下文信息,对目标的大小、形状、位置和运动信息等进行建模,从而预测、分析和理解目标的运动状态和运动轨迹。根据应用场景的不同,目标跟踪可以分为静态场景下的目标跟踪和动态场景下的目标跟踪。静态场景下的目标跟踪指的是采集视频的摄像头固定不动,即采集的视野中背景部分是静止的,如街道使用的监控摄像头等。动态场景下的目标跟踪指的是采集视频的摄像头不固定,即采集的视野中背景和目标都处于不断变化的状态,如体育赛事的转播等。根据目标的数量不同,目标跟踪又可分为单目标跟踪和多目标跟踪。顾名思义,单目标跟踪只将视频或图像中的一个物体作为目标,而多目标跟踪可以跟踪多个目标的运动状态及位置[21]。目标跟踪一直以来都是机器视觉领域一项极具挑战性的工作,也是研究的重点和热门方向,在实际生活中有很多应用,如智能人机交互、运动员比赛过程中的行为分析,以及在军事领域中精准的火力打击、无人机侦察、无人驾驶等。

传统的目标跟踪方法主要包括以下几种:

(1)光流法。光流指的是空间运动物体在观察成像平面上的像素运动的瞬时速度,可以通过分析视频中像素灰度随时间的变化规律以及相邻帧之间的相关性来获取光流信息,判断相邻两帧之间的对应关系,进而判断目标的运动状态。

(2)均值漂移法。计算选定目标区域的直方图分布,在下一帧中找到与选定区域直方图分布相似度最高的区域,将选定区域沿着最为相似的部分移动,如此迭代,直至找到最相似的区域作为目标的真实位置。

(3)粒子滤波法。首先按照一定的分布(如均匀分布、高斯分布等)撒一些粒子,统计这些粒子的相似度和目标之间的相似度,确定目标可能的位置。在这些位置上,下一帧加入更多新的粒子,确保更大概率跟踪目标。

目标跟踪任务处理的视频中目标的运动轨迹和背景较为复杂,并且常出现光照变化、目标之间具有相似性、目标自身形态变化等问题,因此研究人员尝试引入深度学习方法。例如,高铭[22]针对仅考虑基于语义的卷积特征带来的鲁棒性不强的问题,提出了一种同时考虑语义和几何特征的遮挡鲁棒性卷积网络,并基于度量学习的原理提取模板特征,与搜索区域进行匹配,构建了一个单目标跟踪算法。Wang 等[23]提出的基于全卷积网络的跟踪算法将 VGG-16 网络第 4层和第 5 层的特征图分别连接到不同的网络,进行进一步的特征提取,最后根据提取到的特征在定位网络中计算响应图,综合两个响应图的结果完成目标定位。

1.4.5 视觉引导

机器视觉的一个重要应用领域就是工业机器人、机械臂和无人机等,这些智能设备在一些需要精确定位技术支持的领域发挥着不可替代的作用。例如,在汽车制造和航天装备的生产过程中,涉及许多形状复杂、尺寸和重量较大的元件和装配体,无法实现人工安装,这就需要工业机器人来完成精密复杂的装配工作。机器视觉的视觉引导功能正是融合了多种视觉检测技术和机器人运动学原理[24],在工业环境中精确获取元件在 2D(二维)、2.5D(伪 3D)或 3D(三维)空间内的具体位置和方向,以便操纵机器人的工作轨迹,完成元件的定位、放置、计数、识别、测量、装配等后续工作。除此之外,视觉引导技术还应用于包装、焊接、焊缝跟踪、精确制孔等一般工业中。

　　然而,在实际的工作过程中,视觉引导会受到许多不确定因素的影响。例如,元件的外观、姿态和数量具有随机性,以及成像时会受到光照、遮挡等带来的干扰,这使得元件定位变得困难。为提升视觉引导功能的准确性和鲁棒性,研究者在现有的技术上进行优化和探索,提出了新的技术手段和框架。华南理工大学的翟敬梅等[25]构建了一种基于单目视觉的工业机器人工件自动识别和智能抓取系统,在视觉引导下完成了目标定位,并控制机器人完成了工件抓取。季旭全等[26]提出了一种基于机器人与视觉引导的星载设备智能装配方法,通过机器人手眼标定实现了视觉空间和机器人空间之间的映射。

1.4.6　视觉测量

　　视觉测量也是机器视觉领域的一个高层次和综合性功能,融合了机器视觉的基础功能、激光技术和图像处理技术等。视觉测量技术通过从输入的图像中提取关键信息来获取所需要的各项参数,如元件的尺寸、轮廓、高度、面积等。自动化的视觉测量系统可以借助高倍镜头将待测元件放大百倍,达到微米级的精度,从而最大限度地避免人为测量带来的细小误差。同时,自动化的视觉测量系统能够在同一时间对多个元件进行测量,实现了工作效率的飞速提升。

　　随着电子、光学和机器视觉相关技术的日益成熟和发展,视觉测量功能越来越多地应用到实际生活中。张旭辉等[27]设计了一种基于视觉测量的快速掘进机器人纠偏控制系统,通过视觉测量技术计算出快速掘进机器人的位姿并进行调整,实现了机器人前进方向的精准控制。美国福特汽车公司在其工厂涂装线上采用了自行研发的漆膜 3D 缺陷检测系统[28],采用视觉测量技术测量汽车表面漆膜颗粒缺陷的直径和个数,以获取其 3D 和 2D 特征,实现高精度、全方位的汽车质量检测。

第 2 章 机器视觉硬件系统

图像采集系统、图像处理系统和图像综合分析处理系统共同构成了机器视觉系统。为了拍摄到目标物体,并将其转化成计算机可处理的图像数字信号,需要一套采集图像的机器视觉硬件系统。典型的机器视觉硬件系统主要包括工业相机、工业镜头、工业光源和工业计算机等,本章重点介绍工业相机、工业镜头和工业光源的原理与选型。

2.1 工业相机

图像采集的第一步是待测物的图像输入,而图像输入离不开工业相机,其本质是将镜头接收到的光信号转换成有序的电信号。工业相机成像原理为:待测物反射光线,经过工业镜头折射在感光传感器[电荷耦合器件(charge-coupled device,CCD)或者互补金属氧化物半导体器件(complementary metal oxide semiconductor,CMOS)]上,产生模拟的电流信号,此信号经过模数转换器转换至数字信号传递给图像处理器,图像处理器得到图像后,通过通信接口传入计算机中,以便后续的图像处理分析。选择合适的工业相机是机器视觉系统设计中的重要环节,工业相机的正确选型对所采集到的图像分辨率、图像质量都起着决定性作用,同时也与整个机器视觉硬件系统的运行模式直接相关。本节对工业相机的分类、性能参数及选型进行重点介绍。

2.1.1 工业相机的分类

根据分类标准的不同,常见的工业相机分类如图 2.1 所示[29]。

按照相机信号输出类型分类,工业相机可分为模拟相机和数字相机。顾

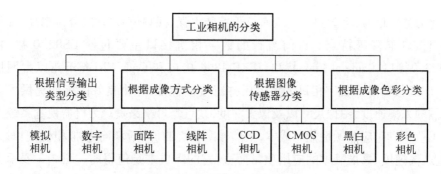

图 2.1　常见的工业相机分类

名思义,模拟相机输出的信号形式为模拟信号,数字相机输出的信号为数字信号。

（1）模拟相机:模拟相机输出的信号形式为模拟信号,需要配备专用的图像采集卡将输出的模拟信号转化为数字信号,以便于计算机对其进行处理。模拟相机虽然通用性好,成本低,但是图像采集速度慢,获取到的图像分辨率低,且在图像传输中容易受噪声的干扰,导致获取到的图像质量较差,因此模拟相机大多应用于对图像质量要求不高的机器视觉系统中。早期的机器视觉系统大多由模拟相机组成。模拟相机的视频输出接口形式主要为尼尔-康塞曼卡口（bayonet Neill-Concelman，BNC）、S-Video 等,所搭配的机器视觉主机大多采用工控机加视频采集卡的形式,整机成本较高。目前,在多数机器视觉应用场景中,模拟相机的使用越来越少。图 2.2 展示了一个模拟相机。

图 2.2　模拟相机

（2）数字相机:数字相机与模拟相机不同,数字相机内部集成了模数转换（analog-digital conversion，A/D conversion）电路,能够直接将模拟量的图像信号转化为数字信号,且数字相机具有抗干扰能力强、视频信号多样、分辨率高、视频输出接口丰富等特点。目前流行的数字相机接口主要包括 USB2.0 接口、USB3.0接口、Cameral Link 接口、IEEE 1394 接口和 GigE Vision 千兆以太网接口、LAN 接口等。数字相机大多使用并行接口标准,一个良好的标准提供了大范围的采集速度、图像尺寸以及像素深度,缺点是价格昂贵。为机器视觉系统选择工业相机时应兼顾性能和成本,虽然数字相机的价格远高于模拟相机,但对高精度、高速度、高准确率的应用项目而言,它的高成本是值得的。图 2.3 展示了一个 USB3.0 接口的数字相机。

按照相机成像方式分类,工业相机可分为面阵相机和线阵相机。

(1)面阵相机:面阵相机是一种采用像素矩阵拍摄的工业相机,将图像一次性以整幅画面的形式输出。面阵相机以面为单位进行图像采集,可以在短时间内曝光、一次性获取完整的目标图像,具有测量图像直观的优势。虽然面阵相机的像元总数多,但分布到每一行的像素单元少于线阵相机,所以面阵相机的分辨率和扫描频率一般都低于线阵相机。其在工业生产中的应用面也比较广,如面积、形状、尺寸、位置及温度的测量。图 2.4 展示了一个面阵相机。

图 2.3　USB3.0 接口的数字相机　　　　　图 2.4　面阵相机

(2)线阵相机:线阵相机的感光元素呈现线状,采集到的图像信息也是线状。因此,为了采集到完整的图像信息,在使用线阵相机拍摄时,需要配合扫描运动,而且为了能够确定图像每一像素点在被测物上对应的位置,还需要搭配光栅等仪器以记录线阵每一扫描行的坐标。线阵图像传感器以 CCD 为主,在要求获取高分辨率图像的情况下,一般会采用线阵 CCD 相机配合扫描运动的方案来获取待测物的图像信息。线阵相机能够获得高分辨率图像,但其缺点是图像获取时间长、效率低等。线阵相机主要应用于工业、医疗、科研与安

全领域的图像处理。图 2.5 展示了一个线
阵相机。

图 2.5　线阵相机

　　按照相机使用的图像传感器不同,工业
相机可分为 CCD 相机和 CMOS 相机。

　　(1) CCD 相机: CCD 是一种以电荷信号
为载体,用耦合的方式来传输信号的探测元
件,它也是一种能够将光信号转化为电信号
的半导体元件。其工作过程就是信号电荷产
生、存储、传输的过程。CCD 相机具有灵敏
度高、抗强光、畸变(distortion)小、体积小、寿
命长、抗震动、噪点低、动态范围广、分辨率
高、成像质量高等优点,但 CCD 相机的成本往往高于 CMOS 相机,需要根据项目
需求进行选择。例如,在弱光环境下拍摄移动物体,并需要对其进行高精度测量
时,往往选择 CCD 相机。图 2.6 展示了一个 CCD 相机。

　　(2) CMOS 相机: 感光二极管、放大器和读出电路共同构成 CMOS 图像传感
器阵面上的单个像元,每个像元独立输出,使得每个放大器输出的结果均不相
同,进而造成 CMOS 阵列获取的图像噪声大、图像质量较低等问题。CMOS 相机
具有成本低、工作工序简单、集成度高、抗光晕及拖尾能力强等优点。图 2.7 展
示了一个 CMOS 相机。

图 2.6　CCD 相机

图 2.7　CMOS 相机

按照成像色彩分类,工业相机可分为黑白相机和彩色相机。

（1）黑白相机：黑白相机将获取到的光强信号转换为图像灰度,输出灰度图像。当感光芯片接收到光线照射时,光子信号会转换成电信号,但在光电转换过程中只保留光强信息,光子的波长信息无法保存,因此会造成颜色丢失。在同分辨率的情况下,黑白相机较彩色相机而言,其精度更高,动态范围更广,获取到的图像边缘更清晰,数据量也更小。因此,在没有色彩要求的情况下,工业应用中通常会选择黑白相机进行图像获取,大部分科研级相机也是黑白相机。图2.8展示了一个黑白相机。

（2）彩色相机：彩色相机能够获取拍摄场景中红（R）、绿（G）、蓝（B）三个分量的光信号,输出彩色图像。彩色相机的实现方法主要有棱镜分光法和 Bayer 滤波法。棱镜分光法是先利用光学分光棱镜将入射光线的 R、G、B 分量分离,接着采用三个 CCD 将光信号转化成电信号,然后将其进行综合,得到彩色图像。这种方法理论上虽然可行,但所需成本较高。Bayer 滤波法是由伊士曼·柯达公司科学家 Bryce Bayer 发明的,该方法仅使用一块感光芯片就能使 R、G、B 分量分离。芯片上相邻的像元传感器都被三基色滤波器覆盖,能将入射光直接进行色彩分离,因此芯片上每个像素点都为红、绿、蓝三种颜色中的一种,每个像素单元也只能记录上一种颜色信息。接着,利用 Bayer 插值算法,解读出每个像素单元其他两个颜色的信息,从而得到全彩色像素信息。但在实际应用中,通过彩色相机得到的彩色图像中会出现伪彩色的情况,导致精度降低。图2.9展示了一个彩色相机。

图2.8　黑白相机

图2.9　彩色相机

2.1.2　工业相机的性能参数

选择合适的工业相机进行工业应用的前提是了解相机的各个参数,本节着重介绍工业相机中与机器视觉相关的几个重要性能参数[30]。

1. 分辨率

分辨率是工业相机最基本也是最重要的参数,它是相机对采集图像的明暗细节分辨能力的体现。工业相机采用的芯片分辨率直接决定相机的分辨率,芯片分辨率是芯片靶面排列的像元数量总和。芯片(通常指 CCD 传感器)上像素排列得越多越紧密,工业相机的分辨率越高,获得的画质越高。分辨率通常用 $W \times H$ 的形式来表示,W 代表图像水平方向每一行的像素数,H 代表图像垂直方向每一列的像素数,如 400 万像素的相机,其分辨率一般表示为 2 240 × 1 680。分辨率直接影响采集到的图像的质量,在对同样大的视场(field of view, FOV)(景物范围)成像时,分辨率越高,对细节的展示越明显。在相机选型时,不是一味地挑选分辨率高的,通常情况下只要满足相机像素精度(pixel accuracy, PA)≥项目测量精度即可。

2. 像元尺寸

像元尺寸是指芯片像元阵列上每一个像元的面积,通常以微米为单位。常见的像元尺寸有 14 μm²、10 μm²、9 μm²、7 μm²、6. 45 μm² 及 3. 75 μm² 等。像元尺寸与像元个数共同决定相机靶面的尺寸,往往直接关系到成像质量。成像质量与像元尺寸成正比。当相机靶面尺寸确定时,像元尺寸越小,分辨率越高,成像效果越差。

3. 像素深度

像素深度是指每个像素数据占用的位数,其与分辨率共同决定图像的大小。常见的像素深度有 8 bit、10 bit、12 bit 等。其中,8 bit 是指用 8 个二进制位来表示颜色,即可呈现出 256 种颜色,此为常见的灰度显示,而 24 bit 表示彩色 RGB 图像。位数越高,图像色彩越丰富,工业应用中测量精度也越高,但同时会带来线缆增加、图像尺寸变大等不足,从而造成系统速度下降和系统集成难度增加等问题。

4. 最大帧率/行频

最大帧率/行频是指工业相机采集传输图像的速率。在工业应用中,通常要对处于运动状态下的物体进行检测,这就需要选择合适的工业相机,使其速度满足具体要求,才能清晰成像。不同工业相机的最大帧率/行频不同。对于面阵相机,最大帧率/行频通常是指每秒采集的帧数,单位为帧/秒;对于线阵相机,最大帧率/行频通常是指每秒采集的行数,单位为行/秒。

5. 曝光方式和快门速度

在工业相机工作过程中,曝光是指图像传感器进行感光的过程,不同工业相机的曝光方式不同。线阵相机采取逐行曝光的方式,可以选择固定行频和外触发同步的采集方式,曝光时间可以与行周期一致,也可以设定一个固定的时间;而面阵相机有帧曝光、场曝光和滚动行曝光等几种常见方式;数字相机一般提供外触发采图的功能。曝光对图像质量影响很大,曝光不足会导致图像过暗,曝光过度则会导致图像过亮,这都会导致无法捕获到图像细节。工业相机的快门曝光时间最低可达 10 μs,高速相机还可以更快。对于运动中的物体,快门时间过长会导致图像不清晰;反之,快门时间越短,获取到的图像越清晰,但同时过短的曝光时间对光照要求很高,因此在工业应用中要根据实际选择合适的快门速度。

6. 信噪比

信噪比(signal-to-noise ratio,SNR)是指信号与噪声的比值。在图像传感器成像过程中,除了真实信号,还会引入一系列不确定性(如光信号本身的不确定性、电子学噪声等),这个不确定性称为噪声。信噪比越高,图像质量越好。信噪比的计算公式如下:

$$SNR = \frac{P \cdot QE \cdot t}{\sqrt{P \cdot QE \cdot t + D \cdot t + R^2}} \tag{2.1}$$

式中,P 为单位时间内入射的光子数;QE 为量子效率(光子转换成电荷的比例);t 为曝光时间;D 为暗电流(受制冷温度的影响);R 为读出噪声。

7. 光谱响应特性

光谱响应特性是指像元传感器对不同波段光线的敏感特性,一般光谱响应波长范围为 350~1 000 nm。在工业应用中,通常会根据工业相机实际拍摄场景的光源波段选择合适的芯片,以达到最好的效果。

8. 接口类型

工业相机的接口主要分为两类,即光学接口和数据接口。光学接口是指工业相机连接镜头的机械接口,数据接口是指连接数据线的电气接口。常见的数据接口类型有 USB2.0/3.0、FireWire(IEEE 1394)、Camera Link、GigE 等,如图 2.10 所示。

光学接口分为螺纹接口和卡口两类,其中常用的螺纹接口有 C 接口、CS 接口、M12 接口、M42 接口和 M58 接口。C 接口与 CS 接口的区别在于它们的法兰距不同,即镜头卡口到感光元件(一般指 CMOS 或 CCD)之间的距离,C 接口的法兰距为 17.5 mm,而 CS 接口的法兰距为 12.5 mm。M12 接口指的是接口直径

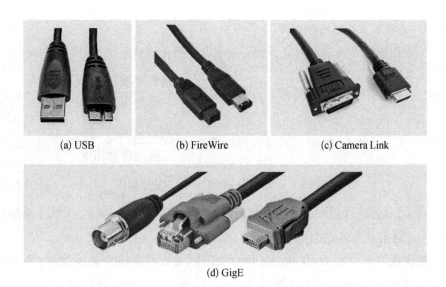

(a) USB　　　　　(b) FireWire　　　　(c) Camera Link

(d) GigE

图 2.10　不同类型的接口

为 12 mm 的接口,通常应用于微小工业相机,M42 接口及 M58 接口分别指的是接口直径为 42 mm 和 58 mm 的接口。

常见的卡口主要有尼康的 F 接口和佳能的 EF 接口,二者最大的区别也是法兰距不同,F 接口的法兰距大于 EF 接口的法兰距。若工业相机是 EF 接口,则既可以使用 F 接口,也可以使用 EF 接口;若工业相机是 F 接口,则只能使用 F 接口,若想使用 EF 接口,则需要安装一个转接环。F 接口是尼康接口,一般应用于靶面超过 1 in(1 in = 2.54 cm)的相机。

2.1.3　工业相机的选型

在工业应用中,根据实际需求选择合适的工业相机对系统检测待测物精度有重要影响。工业相机选型[30,31]步骤如下。

1. 选择工业相机感光器件

一般情况下,在工业应用中常选择 CCD 相机。在 2.1.1 节中已详细对比 CCD 相机和 CMOS 相机的特点,本节不再过多赘述。CCD 相机有很好的抗噪能力,可呈现出高质量图像,除非客户硬性要求或条件限制,一般情况下工业检测、医疗 X 射线等领域首选 CCD 相机。CMOS 相机本身图像噪声较多,但其功耗小、价格低,适用于对图像噪声和质量要求不是非常高的场合。

2. 选择工业相机的分辨率

工业相机的分辨率是由项目精度要求及视野范围确定的,计算公式如下:

$$x \text{方向分辨率(芯片} x \text{方向像素值)} = \frac{\text{视野范围(} x \text{方向)}}{\text{检测像素精度}} \tag{2.2}$$

$$y \text{方向分辨率(芯片} y \text{方向像素值)} = \frac{\text{视野范围(} y \text{方向)}}{\text{检测像素精度}} \tag{2.3}$$

$$\text{分辨率} = x \text{方向分辨率} \times y \text{方向分辨率} \tag{2.4}$$

应注意的是,考虑到相机边缘视野的畸变及系统稳定性要求,这里计算的分辨率为工业相机要求的最低分辨率。

假设现有一尺寸为 10 mm×9 mm 的工件,需要对其进行缺陷检测,要求检测精度为 0.01 mm,估算视场范围要求 12 mm×10 mm,根据式(2.2)~式(2.4)可计算出分辨率=(12/0.01)×(10/0.01)= 1 200 000,即选用约为 120 万像素的相机,市面上常见的是 130 万像素的相机,因此选用 130 万像素的工业相机即可。

工业检测要求越来越高,若用 1 个像素对应 1 个缺陷,则一些干扰像素点都可能被系统误识别为缺陷,进而使机器视觉系统变得极不稳定。因此,为了提高机器视觉系统检测的精度,最好用 3 个像素对应 1 个缺陷,即最好选用的相机分辨率为 130×3,最低不能小于 300 万像素,因此在本案例中选用 300 万像素的工业相机。

3. 选择成像色彩

在同等分辨率的情况下,与彩色相机相比,黑白相机获取的图像精度更高,得到的灰度信息可直接用于后期图像算法处理。若项目对图像颜色有明确要求,则使用彩色相机。

4. 选择相机帧率和快门方式

在拍摄静止物体或缓慢移动物体时,选用卷帘快门;在拍摄高速移动物体时,选用全局快门,全局快门能够很好地对高速移动的物体进行成像。在拍摄高速运动的物体时,工业相机的帧率应大于物体运动的速度,否则会出现图像拉毛、模糊、变形等质量问题,同时也应考虑项目成本及系统算力等问题,不能仅追求高帧率。

5. 选择面阵相机/线阵相机

面阵相机的 CCD 感光区为矩形,能够直接获取一整幅二维图像的面积;线阵相机则是利用一台或多台相机对目标进行逐行连续扫描,被测物通常做匀速运动,适用于检测连续材料,如金属、纤维等。

通常情况下,使用面阵相机对目标进行静止检测和低速检测;对于大幅面高速运动或需要极高精度的情况,应选择线阵相机。

6. 选择相机接口

工业相机的接口分为数据接口和镜头接口两种类型。镜头接口尽量选择国内市场常见的 C 接口和 CS 接口,数据接口需要根据实际应用,考虑传输距离、数据传输量、抗干扰能力等进行选择,常见的数据接口优缺点对比如表 2.1 所示。

表 2.1　常见的数据接口优缺点对比

项目	接口类型						
	USB2.0	USB3.0	1394a	1394b	GigE	Camera Link	CoaXPress
速度/ (Mbit/s)	480	4 800	400	800	1 000	6 400	25 600(4 根)
距离/m	5	10	4.5	4.5	100	10	>100
成本	低	低	低	中	低	高	低
优点	(1) 支持热拔插; (2) 使用便捷; (3) 标准统一; (4) 可连接多个设备; (5) 相机可通过 USB 线缆供电	(1) 速率高; (2) 支持热插拔; (3) 数据传输具有实时性; (4) 采用总线结构			(1) 拓展性好; (2) 经济性好; (3) 可管理维护; (4) 应用广泛	(1) 速率高; (2) 抗干扰能力强; (3) 功耗低	(1) 数据传输量大; (2) 传输距离长; (3) 可选择传输距离和传输量; (4) 价格低廉,易集成
缺点	(1) 没有标准的协议; (2) CPU(中央处理器)占用率高; (3) 带宽没有保证	长距离传输线缆价格较高			(1) CPU 占用率高; (2) 对主机的配置要求高	(1) 价格高; (2) 线中没有供电功能	—

7. 对比品牌和价格

在选择工业相机的品牌时,尽量选用大众口碑较好的品牌。同品牌的不同供货商价格也不同,在挑选时应仔细甄选,尽量选择官方认证的旗舰店。

2.2　工业镜头

在机器视觉硬件系统中,镜头相当于人眼的晶状体,其主要作用是将目标待测物的图像聚焦在图像传感器的光敏面阵上。工业镜头,即在工业应用场景中工业相机所需要的镜头,其对工业相机的成像质量,包括分辨率、对比度、景深(depth of field,DOF)等方面都有至关重要的影响,工业镜头的质量直接影响视觉系统的整体性能。本节重点介绍工业镜头的分类及原理、性能参数及其选型[32]。

2.2.1　工业镜头的分类及原理

与工业相机分类相似,根据不同的分类指标,工业镜头可分为不同的类型。

1)按焦距划分

按焦距(focal length)划分,工业镜头可分为定焦镜头和变焦镜头。

(1)定焦镜头:焦距固定,带聚焦微调,只有小工作距离(working distance),视野范围随距离变化。

(2)变焦镜头:工业镜头中镜片之间的相互移动,使工业镜头的焦距在一定范围内变化,从而在无须更换工业镜头的条件下,使 CCD 相机既可获得全景图像,又可获得局部细节图像。

2)按放大倍率划分

按放大倍率划分,工业镜头可分为定倍镜头和变倍镜头。

(1)定倍镜头:指镜头的放大倍率固定,工作距离固定,无光圈,无调焦,有低变形率,可以与同轴光源配合使用。

(2)变倍镜头:指在工作距离不变的情况下,可无级调节放大倍率,且呈现出来的图像仍清晰。

3)按用途划分

按用途划分,工业镜头可分为工厂自动化(factory automation,FA)镜头、远心镜头以及显微镜头。其中,远心镜头和 FA 镜头在工业项目中应用广泛。

(1)FA 镜头:指用于工厂自动化的镜头,FA 镜头支持百万级像素,一般是固定焦距并可改变光圈大小,搭配 C 接口使用,在工业生产检测、智能识别中广泛应用,但其畸变较大、暗角明显。

（2）远心镜头：远心镜头是为了纠正传统工业镜头视差而设计的,与 FA 镜头不同,远心镜头畸变系数极低,无透视误差。FA 镜头距离待测目标物越近,待测物所成的像越大,而远心镜头在其远心范围内,改变镜头与待测物间的距离,被摄物所成像的大小不会发生变化。这是因为远心镜头采取的是平行光路设计,其拍出来的图像没有近大远小的关系。

远心镜头又可分为物方远心镜头、像方远心镜头和双远心镜头等。物方远心镜头是指仅在物方采用平行光路设计的远心镜头;像方远心镜头是指仅在像方采用平行光路设计的远心镜头;双远心镜头是指物方、像方均采用平行光路设计的远心镜头。图 2.11 展示了一个远心镜头。

图 2.11　远心镜头

远心镜头因为其独有的优势,通常应用于以下几种场景：

① 检测对象不在同一个平面;

② 检测对象摆放位置与镜头呈一定角度或到镜头的距离有一定范围的波动;

③ 检测对象带孔径或是三维立体物体;

④ 检测对象只能在同一方向的平行照明下才能检测到;

⑤ 对图像具有低畸变率、全图亮度均匀等要求。

（3）显微镜头：一般指成像比例大于 10∶1 时所需要用到的镜头,现在大部分相机的像元尺寸都在 3 μm 以内,所以当成像比例大于 2∶1 时,也可以考虑选用显微镜头。

镜头的成像原理与人眼相似,可以说是对人眼功能的模拟。

小孔成像最大的特点是光的直线传播,但检测对象投射出的光线中只有极小的一束光线能够穿越小孔,投射到感光胶片上,所得到的影像并不清晰。将小孔换成凸透镜,则待测物所反射的光线大部分会被凸透镜聚焦到成像面上,即相当于人眼的视网膜上,汇聚的光线数量远大于小孔成像光线的数量,因此图像会相对清晰明亮。但凸透镜本身存在相差,所以单个凸透镜成像清晰度远远达不到实际需求。因此,工业镜头选用一组镜片来代替单个凸透镜,可以使待测物的散射光通过凸透镜汇聚并通过其余镜片矫正,大大消除了相差,得到清晰明亮的图像。以上即是工业镜头的成像原理。图 2.12 展示了工业镜头的内部结构。

镜头内部解析

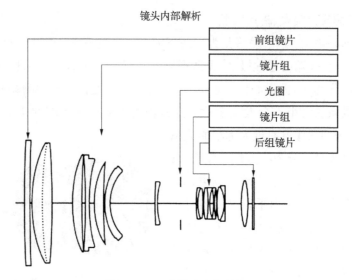

图 2.12　工业镜头内部结构

2.2.2　工业镜头的性能参数

工业镜头作为工业相机的重要组成部分,其质量直接影响机器视觉系统的整体性能。本节介绍工业镜头主要的性能参数。

1. 焦距

工业镜头是一组透镜,其焦点 F 和焦距 f 如图 2.13 所示。当平行光平行于主光轴穿过透镜时,光线会聚焦到一点 F 上,F 即焦点,焦点到透镜中心 O 的距离 f 称为焦距。在工业相机中,焦距指的是镜头的中心点到成像面之间的距离。焦距是镜头的重要性能指标,镜头焦距的长短决定了视场角大小及成像大小。

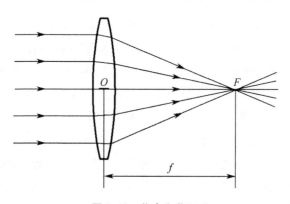

图 2.13　焦点和焦距

镜头焦距越短,视场角越大,取景范围也就越广,但所拍摄的目标物在画面中占比就越小。图 2.14 展示了同款芯片不同焦距成像的区别。

(a) *f*=18 mm　　(b) *f*=24 mm　　(c) *f*=35 mm

(d) *f*=55 mm　　(e) *f*=85 mm　　(f) *f*=105 mm

(g) *f*=135 mm　　(h) *f*=200 mm　　(i) *f*=300 mm

图 2.14　同款芯片不同焦距成像的区别

2. 分辨率

分辨率是指镜头空间极限分辨的能力,具体是指在成像平面上 1 mm 内能够分辨黑白相间的线条对数,通常用拍摄正弦光栅的方法来测试。分辨率越高,对图像细节的分辨能力越好。

3. 视场

视场也称为视野范围,指的是图像采集系统能够观测到物体的最大范围,也是镜头的有效工作区域。视场与镜头的工作距离及视场角正相关。视场角是指以镜头为顶点,以待测目标物可通过镜头最大范围的两条边缘构成的夹角。

4. 工作距离

工作距离指的是镜头最前端到被摄物之间的距离,只有在该距离范围内,系统才能清晰成像。在工业应用中,需要根据现场环境实际情况来选择适合工作距离的工业镜头。若视觉系统的工作空间较小,则需要选择工作距离较小的镜头;若视觉系统需要安装工业光源或其他装置,需要较大的工作空间,则应选择工作距离较大的镜头。

5. 光圈

光圈是一个安装在镜头内部,控制光线透过镜头,进入机身内感光面光亮的装置。光圈大小用 F 表示,F = 镜头焦距/镜头光圈直径。在快门速度(曝光速度)和感光度一定时,F 越小,光圈越大,进光量越多,画面就越亮。在实际应用中,工业相机在环境昏暗的场合中工作时,需要选用大一点的光圈。

6. 景深

景深是指相机镜头前方沿着光轴所测定的能够清晰成像的范围,其定义与视场相似,不同之处为景深指的是纵向范围,而视场指的是横向范围。景深和成像平面示意图如图 2.15 所示,能够清晰成像最近的物平面为近景平面,其与对准平面的距离称为前景深,能够清晰成像最远的物平面为远景平面,其与对准平面的距离称为后景深。景深 = 前景深 + 后景深,对应计算公式如式(2.5)~式(2.7)所示。

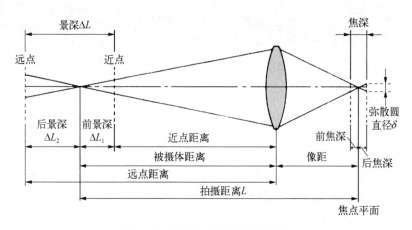

图 2.15 景深和成像平面示意图

前景深:

$$\Delta L_1 = \frac{F\delta L^2}{f^2 + F\delta L} \tag{2.5}$$

后景深:

$$\Delta L_2 = \frac{F\delta L^2}{f^2 - F\delta L} \tag{2.6}$$

景深：

$$\Delta L = \frac{2f^2 F\delta L^2}{f^4 - F^2 \delta^2 L^2} \tag{2.7}$$

式中，f 为镜头焦距；δ 为弥散圆直径；L 为拍摄距离（对焦距离）；F 为镜头的光圈值。由式（2.7）可知，影响景深的主要因素有镜头光圈、镜头焦距以及拍摄距离，在其余因素不变时，它们的影响关系如下：

（1）镜头光圈越大，景深越小；镜头光圈越小，景深越大。

（2）镜头焦距越长，景深越小；镜头焦距越短，景深越大。

（3）拍摄距离越远，景深越大；拍摄距离越近，景深越小。

7. 畸变

镜头畸变是光学透镜固有的透视失真总称，是由透视造成的失真，这种失真对机器视觉成像是非常不利的。透镜的固有特性即凸透镜汇聚光线、凹透镜发散光线，导致镜头畸变，这是无法从根本上消除的，只能改善。例如，采用高档镜头，优化镜片组设计并选用高质量的光学玻璃来制造镜片，可以使透视变形降到很低。但是完全消除畸变是不可能的，目前最高质量的镜头在极其严格的条件下测试，镜头的边缘也会产生不同程度的变形和失真。常见的镜头畸变为枕形畸变和桶形畸变，如图 2.16 所示。

(a) 正常物体　　　　(b) 枕形畸变　　　　(c) 桶形畸变

图 2.16　正常物体和常见的镜头畸变

8. 最大适配芯片尺寸

每种机器视觉镜头都只能兼容芯片不超过一定尺寸的相机，因此在选购镜头时要确定工业相机的芯片尺寸，工业镜头的最大适配芯片尺寸必须大于与其配套的芯片尺寸，否则会引起严重的畸变和相差。

9. 镜头接口

镜头接口即光学接口,镜头接口的分类已在 2.1.2 节总结,在此不做过多赘述。

2.2.3　工业镜头的选型

在选择工业镜头时,可以参考如下步骤。

1. 确定镜头类型

根据客户需求,确定是否需要使用远心镜头。对于精度要求不高的一般工作场景,可以直接选用普通的 FA 镜头;若对机器视觉系统的要求较严格,将其应用于精密测量,如检测物体表面的细微缺陷、被测对象处于一定范围运动状态等,则需要选择畸变小的远心镜头。

2. 确定镜头视场

镜头视场的选择由拍摄物尺寸决定,视场尺寸需要略大于被摄物尺寸,确保机器视觉系统完整清晰成像,若被摄物处于一定范围运动状态,则视场尺寸需要包含被摄物的运动范围。

3. 确定最大适配芯片尺寸

工业镜头的最大适配芯片尺寸不能小于工业相机的感光器件靶面尺寸,若工业镜头支持的传感器芯片尺寸小于相机感光器件的靶面尺寸,则在进行拍摄工作时,视场边缘会出现黑边区域。

4. 确定焦距

在确定镜头焦距之前,必须先确定视场、工作距离、相机芯片尺寸等。首先获取工作距离 WD,若工作距离 WD 是一个范围,则取该范围的中间值,计算放大倍率 PMAG:

$$PMAG = \frac{\text{图像传感器尺寸(水平／竖直方向)}}{\text{视野尺寸(水平／竖直方向)}} \tag{2.8}$$

接着计算焦距 f:

$$f = WD \times \frac{1 + PMAG}{PMAG} \tag{2.9}$$

最后根据计算得到的焦距选择与焦距值最接近的标准镜头。估算的视场比实际略大,因此式(2.9)计算出来的焦距为所需要的最大焦距,最后进行镜头选择时,一般选择焦距不大于理论值的镜头。

5. 确定镜头光圈

光圈决定图像的亮度,对成像质量有重要作用。当拍摄环境光线变化不明显时,选用手动光圈镜头,手动设定一理想数值进行拍摄;在光线变动较大的环境中选择自动光圈镜头,自动光圈镜头能根据拍摄环境的明暗变化自动调节光圈,以达到更好的成像效果;在拍摄高速运动的物体且曝光时间短的环境中,选择大光圈镜头,以增强图像亮度。

6. 考虑畸变影响

由 2.2.2 节可知,畸变是不可避免的,一般来说镜头质量越高,畸变对成像的影响就越小。在进行精密检测等对成像质量要求极高的应用中,需要考虑镜头畸变的影响,选取畸变较小的镜头。

7. 确定接口类型

选用镜头的安装接口类型需要与工业相机接口类型一致。

2.3　工业光源

除了工业相机和工业镜头,工业光源在机器视觉系统中也有着举足轻重的作用,直接关系到系统的成败。图像是机器视觉系统的核心,良好的工业光源能够使图像中的目标信息与背景信息区分,以获得高质量、高对比度的图像,降低后期对采集到的图像处理算法的难度,使系统的可靠性和综合性能得到提高。若选择的工业光源不合适,如曝光过度,则会导致图像中许多重要信息被隐藏;阴影会使图像信噪比下降,出现边缘误判,影响对目标的检测;均匀性不够会导致图像阈值选择困难等。

有效的工业光源应具有如下特征:

(1)照亮待测物,增强图像对比度,使检测目标与背景有明显边界区分;

(2)光源有足够的亮度和稳定性;

(3)克服环境光的亮度干扰,保证图像稳定性。

本节重点介绍工业光源的分类、照射方式及其选型。

2.3.1　工业光源的分类

工业光源形式多样,依据不同,光源的分类也不同[33]。

根据发光材质分类,工业光源可分为荧光灯、卤素灯、氙气灯、发光二极管

(light emitting diode, LED) 光源、激光光源等。其中,常见的机器视觉光源有高频荧光灯、卤素灯、LED 光源。在选择光源时,不仅要考虑其亮度,还要考虑光源的发光效率、使用寿命、几何形状是否符合实际需求。在这三种常见的光源中,高频荧光灯的寿命为 1 500~3 000 h,其具有扩散性好、大面积照射均匀等优点,缺点是响应速度较慢。卤素灯的寿命一般为 1 000 h,其具有亮度高等优点,缺点同样是响应速度较慢,且该光源几乎没有亮度及色温的变化。LED 光源是目前机器视觉中应用最广泛的工业光源,其使用寿命长达 30 000 h,与高频荧光灯和卤素灯相比,LED 光源响应速度更快,其形状可根据实际需求组合多变,亮度可调节,颜色可变换且散热效果好,使得亮度更稳定。

根据颜色分类,工业光源可分为白色光源(白光)、蓝色光源(蓝光)、红色光源(红光)、绿色光源(绿光)、红外光源以及紫外光源等。不同的波长决定了光源的颜色,不同颜色的光源也需要应用到与其适配的工业场景中。白光也称复合光,白光根据色温不同,可分为冷色调、中间色调以及暖色调。色温大于 5 000 K 为冷色调,整体偏蓝;色温小于 3 300 K 为暖色调,整体偏红;色温在 3 300~5 000 K,为中间色调。白光适用性广、亮度高,适合拍摄彩色图像。蓝光波长范围为 435~480 nm,适用于银色背景下目标物的获取,如钣金、车加工件、钢轨等。红光波长范围为 605~700 nm,其波长较长,可以透过一些比较暗的物体,如底材为黑色的透明软板孔位定位、透光膜厚度检测等,采用红光能更好地提高对比度。绿光波长范围为 500~560 nm,适用于红色及银色背景产品。红外光源波长范围为 750~1 000 nm,属于不可见光,一般应用于液晶显示(liquid crystal display, LCD)屏检测、视频监控等领域。紫外光源波长范围为 10~400 nm,其波长较短,贯穿能力强,一般用于证件检测、金属表面缺陷检测等。

根据光源外形特征分类(这也是目前工业机器视觉最主流的分类方法),工业光源主要可分为环形光源、条形光源、圆顶光源(碗光源/穹顶光源)、点光源、面光源等。根据不同光源的工作特性,工业光源又可分为点光源、线光源、无影光源、同轴光源、背光源、组合光源、结构光源等。下面主要介绍机器视觉常用的环形光源、条形光源、圆顶光源、同轴光源、背光源及点光源。

1. 环形光源

环形光源及其照明结构如图 2.17 所示。环形光源由高密度 LED 阵列组成,是常见的 LED 光源之一。其通过照射角度、颜色的不同变换组合,可以突出物体的三维信息,也可以为被测物提供大面积均匀照明。环形光源具有亮度高、性能稳定、安装方便、全方位环绕照射解决阴影问题等特点,但它对安装高度要

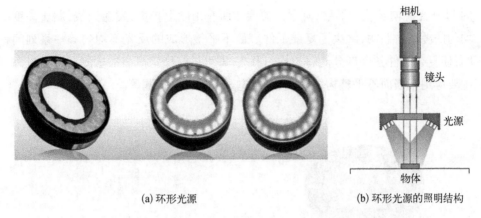

(a) 环形光源　　　　　　　　(b) 环形光源的照明结构

图 2.17　环形光源及其照明结构

求严格,容易出现环形反光现象。

2. 条形光源

条形光源及其照明结构如图 2.18 所示。条形光源适用于较大方形结构物体的照明,其尺寸灵活小巧,可根据实际照射需求随意调整照射角度及安装角度,条形光源也是由高密度 LED 阵列组成的,使得其亮度均匀且稳定。条形光源长度范围广,可根据用户实际需求定制,还可搭配散射板作为背光源使用,具有一灯多用的功能。其应用场景主要有金属表面缺陷检测、图像扫描、LCD 面板检测等。

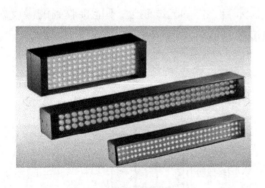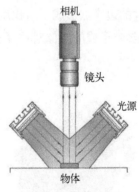

(a) 条形光源　　　　　　　　(b) 条形光源的照明结构

图 2.18　条形光源及其照明结构

3. 圆顶光源

圆顶光源及其照明结构如图 2.19 所示。圆顶光源为半球结构,安装在表面的 LED 光源向圆顶内照射,圆顶光源会在所有角度上扩散,发射光线,属于高度均匀的漫反射照明,解决了复杂工件表面不平整形成的反光不均匀等一系列问题,使复杂工件各个部分能够被均匀照亮,即可进行稳定可靠的检测。圆顶光源主要应用于表面不平整物体缺陷检测、电子元件外观检测等。

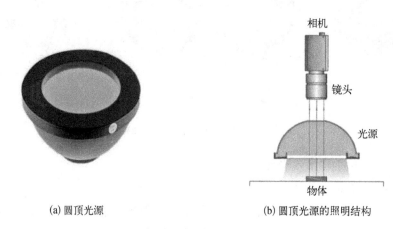

(a) 圆顶光源   (b) 圆顶光源的照明结构

图 2.19　圆顶光源及其照明结构

4. 同轴光源

同轴光源及其照明结构如图 2.20 所示。同轴光源从侧面将光线发射到半反射镜上,半反射镜再将光线反射到工件上。镜面反射光可以返回到相机,工件表面如刻印伤痕等凹凸不平的部分产生的漫反射光则不能被接收,这样就使得工件的边缘点形成了对比度。并且,来自工件的光线越远,不能接收到的漫反射光越多,形成的图像对比度和清晰度就越高。

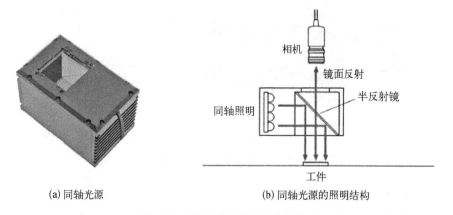

(a) 同轴光源   (b) 同轴光源的照明结构

图 2.20　同轴光源及其照明结构

5. 背光源

背光源指的是放置在待测物背面的光源,其照明结构如图 2.21 所示。采用标准的正面照明时,工件的形状、颜色及表面加工等因素会引起采集到的图像对比度不一致的问题;而采用背光源照射工件时,会形成待测工件不透明部分的阴影,进而形成高对比度和高清晰度的轮廓用于对边缘提取部分的图像处理。背光源常应用于物体轮廓检测、透明物体斑点检测等。

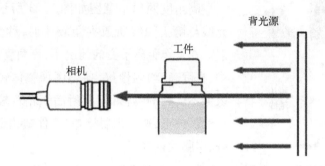

图 2.21　背光源的照明结构

6. 点光源

点光源为大功率 LED 灯珠,设计如图 2.22(a)所示。光源由特殊透镜组成,能够实现高强度和高均匀度的点光照明,其照明结构如图 2.22(b)所示。点光源体积小,节省安装空间,能耗低,常搭配同轴镜头使用,缺点为通用性不高且检测视野较小。点光源主要应用于 Mark 点定位、芯片字符检测,以及晶片、液晶玻璃底基矫正等场合。

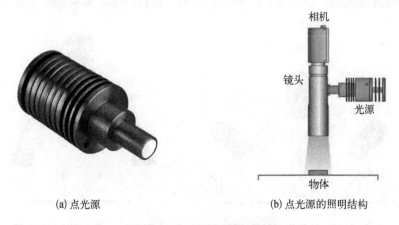

(a) 点光源　　　　　　　　　(b) 点光源的照明结构

图 2.22　点光源及其照明结构

2.3.2　工业光源的照射方式

在图像采集过程中,工业光源的照射方式会给图像带来一定的影响。为了准确捕捉待测物的特征,提高特征与背景的对比度,需要选择良好的照射方式。下面介绍几种常见的工业光源的照射方式。

1. 高角度照射

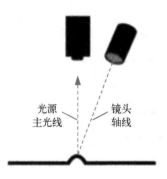

图2.23　高角度照射示意图

高角度照射示意图如图2.23所示,当光源主光线与镜头轴线所成夹角较小时,称为高角度照射。在工作距离不变的情况下,高角度照射光束集中、亮度高、均匀性好,使得图像整体较亮,适用于表面不反光的物体,但照射面积相对较小,常应用于液晶校正、塑胶容器检查、工件螺孔定位、标签检查、引脚检查等。

2. 低角度照射

低角度照射示意图如图2.24所示,当光源主光线与镜头轴线所成夹角较大时,称为低角度照射。低角度照射属于暗场照明,图像背景为黑,特征为白,因此可以很好地突出待测物轮廓及表面凹凸变化,适用于晶片或玻璃基片的划痕检查等表面有纹理变化的场合。

3. 多角度照射

多角度照射示意图如图2.25所示,多角度照射应用于具有反射性或表面角度复杂的待测物场合,其常采用半球形的均匀照明,能够减小影子和镜面反射,使图像整体效果更柔和。多角度照射在电路板照明、曲面物体检测等领域应用广泛。

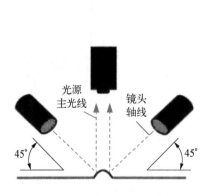

图2.24　低角度照射示意图

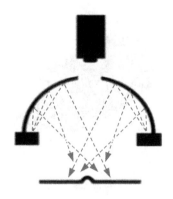

图2.25　多角度照射示意图

4. 背光照射

背光照射示意图如图 2.26 所示,背光是指从待测物背面均匀照射过来的光。背光照射能够突出显示不透明待测物的轮廓特征,但此方式可能会丢失待测物的表面特征信息,因此该方式常应用于待测物尺寸测量、形状判断、方向确定等。

5. 同轴光照射

同轴光照射示意图如图 2.27 所示,同轴光为通过垂直墙壁射出的发散光,照射到一个分光镜上,使光射向下方,工业相机通过分光镜拍摄待测物。该照射方式适用于检测表面反光较强的待测物及检测面积不明显的物体。

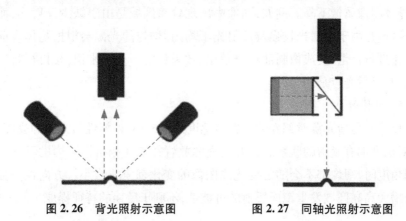

图 2.26 背光照射示意图   图 2.27 同轴光照射示意图

2.3.3 工业光源的选型

机器视觉系统在对光源进行选型时,一般需要考虑以下五项指标要求。

1. 光源颜色

光源颜色的不同会对最终成像结果造成不同的影响。光源选择的依据为提高待测物表面特征与图像背景的对比度,降低环境干扰。为了最大程度区分特征与背景,光源可以使用与待测物颜色互补的颜色,使图像达到最高级别的对比度。例如,可以选用绿色光源照射表面颜色为红色的待测物来提高对比度。若待测物表面杂质过多,则使用与杂质同色温的颜色照射,以滤除杂质带来的影响。因此,灵活运用色温特性选择光源,对成像质量有很大的影响。

2. 亮度

光源的亮度应至少高于工作环境亮度,亮度不够会造成以下问题:

(1) 工业相机信噪比不够,光源亮度不够,必然会造成图像对比度降低,产生噪声的可能性增大；

　　（2）自然光等随机光对图像的影响增大；

　　（3）在光源亮度不够时，必定要增大光圈，景深也随之减小。

　　3. 对比度

　　选择合适光源的核心目的是增强待测物特征区域与背景区域的对比度。对比度指的是图像特征区域与其余区域之间有足够的灰度区别。合适的光源应使待测物特征与背景之间产生最大的对比度，以便特征区分。

　　4. 光源均匀性

　　均匀的光源会补偿物体表面的角度变化，不均匀的光源会造成不均匀的反射，导致图像质量下降。例如，图像中出现较暗区域是由于缺少反射光，而出现过亮区域是由于反射光较强及反射光不均匀，均匀的光源会根据物体表面的角度变化进行补偿，使成像画面明暗适中、效果稳定。一般来说，相机视野范围内的区域，反射光应是均匀的。

　　5. 鲁棒性

　　鲁棒性是指光源对部件的位置敏感度是否最小，鲁棒性与光源的亮度、均匀性、对比度都有紧密的联系。良好的光源放置在工业相机视野内的不同区域或不同角度时，图像都不会随之变化或图像的变化都应非常小。方向性较强的光源会增大高亮区域发生镜面反射的可能性，不利于后期的特征提取。

2.4　小结

　　本章主要介绍了机器视觉系统的概念、机器视觉硬件系统的主要构成、各硬件的工作原理及选型。机器视觉硬件系统能够代替人眼，将真实待测物转换成高度清晰的图像信号传送给图像处理系统，在图像处理系统中进行图像的处理分析。该硬件系统直接决定整个机器视觉系统的性能。在机器视觉硬件系统中，工业相机与工业镜头是重要的两个元素，工业相机与工业镜头的选型并无固定流程可遵循，但需要考虑工业镜头与工业相机的接口匹配以及实际工业项目对工业相机和工业镜头的具体参数要求。选型的过程是在项目经费允许的情况下，综合考量各项参数指标，最大限度满足项目需求的过程。因此，在实际项目中需要根据各种情况灵活选型，以达到最好的效果。

第3章 经典机器视觉技术

3.1 视觉成像原理

3.1.1 透视成像原理

透视成像是相机采用的成像原理,是一种模拟人眼成像的方法。众所周知,相机拍出来的照片虽然是二维的,但是依然能够展现出实际物体的深度、大小、位置等信息,在人眼中产生透视的效果。简单来说,透视成像原理就是将三维物体的信息映射到二维平面上。

透视成像模型中包括视点和视平面两部分。视点相当于人眼或者相机,是观察三维物体的位置,视平面是对三维物体进行透视变换的二维平面。图 3.1 展示了透视成像的原理。假设三维空间中物体上有一点 P,使用一条线将视点 E 和点 P 连接起来,这条线和视平面的交点就是点 P 在二维平面上的透视结果。如果将三维空间中物体上的所有点都进行这样的透视处理,那么在二维平面上就会形成该物体的透视图。

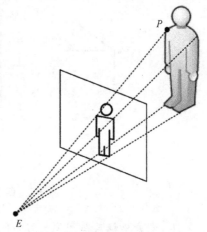

图 3.1　透视成像原理示意图

3.1.2 坐标系及其转换

机器视觉的成像过程中需要完成从三维平面到二维平面的映射,其中涉及四个坐标系,分别为像素坐标系、图像坐标系、相机坐标系以及世界坐标系[34]。

像素坐标系是以像素为单位的二维平面直角坐标系。原点位于图像的左上角，u 轴水平向右，v 轴垂直向下，使用 (u, v) 来描述像素点在图像二维矩阵中的行数和列数。

图像坐标系也是二维的，以长度为单位，原点位于相机的光轴和图像平面的交点处，该点通常为图像的中点。x 轴、y 轴分别平行于像素坐标系的 u 轴和 v 轴，使用 (x, y) 来表示像素点在图像中的物理位置。

相机坐标系是三维直角坐标系，以相机的光心为原点，使用 (x_c, y_c, z_c) 来表示坐标点，x_c 轴、y_c 轴分别平行于图像坐标系的 x 轴和 y 轴，z_c 轴为相机光轴。

世界坐标系同样是三维的，并且是绝对坐标系，使用 (x_w, y_w, z_w) 来描述相机和其他实际物体在客观世界中的具体位置，其坐标原点是约定俗成的，称为世界原点。

图 3.2 展示了四个坐标系及其对应关系。由透视成像原理可知，这四个坐标系上的点是可以进行转换的。

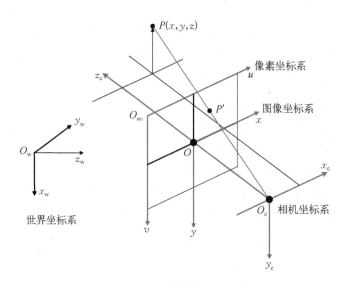

图 3.2　四个坐标系及其对应关系

1. 像素坐标系与图像坐标系间的转换

像素坐标系与图像坐标系进行转换时需要考虑度量单位的不同。假设像素点的宽为 dx，高为 dy，那么在坐标为 (x, y) 的点 P 和图像坐标系构成的矩形中，水平方向上有 $\dfrac{x}{\mathrm{d}x}$ 个像素点，垂直方向上有 $\dfrac{y}{\mathrm{d}y}$ 个像素点，如图 3.3 所示。

二者的转换公式为

$$u = \frac{x}{\mathrm{d}x} + u_0 \qquad (3.1)$$

$$v = \frac{y}{\mathrm{d}y} + v_0 \qquad (3.2)$$

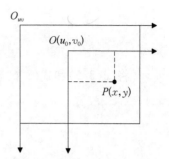

将式(3.2)转换为齐次坐标形式可得

$$\begin{bmatrix} u \\ v \\ 1 \end{bmatrix} = \begin{bmatrix} \dfrac{1}{\mathrm{d}x} & 0 & u_0 \\ 0 & \dfrac{1}{\mathrm{d}y} & v_0 \\ 0 & 0 & 1 \end{bmatrix} \begin{bmatrix} x_\mathrm{c} \\ y_\mathrm{c} \\ z_\mathrm{c} \\ 1 \end{bmatrix} \qquad (3.3)$$

图 3.3　像素坐标系和图像坐标系的关系

2. 图像坐标系与相机坐标系间的转换

图 3.4 是从另一个角度来观察图像坐标系和相机坐标系的对应关系,图中 f 为焦距,表示相机坐标系和图像坐标系的原点距离。

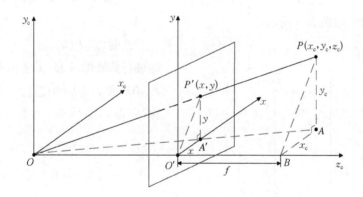

图 3.4　图像坐标系和相机坐标系的关系

由相似三角形的原理可知,$\triangle OAB \backsim \triangle OA'O'$,$\triangle BAP \backsim \triangle O'A'P'$,则有

$$\frac{AB}{A'O'} = \frac{PA}{P'A'} = \frac{OB}{OO'} = \frac{x_\mathrm{c}}{x} = \frac{y_\mathrm{c}}{y} = \frac{z_\mathrm{c}}{f} \qquad (3.4)$$

将式(3.4)的后三项变形得到:

$$x = \frac{x_\mathrm{c}}{z_\mathrm{c}} \times f \qquad (3.5)$$

$$y = \frac{y_c}{z_c} \times f \tag{3.6}$$

将式(3.5)和式(3.6)转换为齐次坐标形式可得

$$z_c \begin{bmatrix} x \\ y \\ 1 \end{bmatrix} = \begin{bmatrix} f & 0 & 0 & 0 \\ 0 & f & 0 & 0 \\ 0 & 0 & 1 & 0 \end{bmatrix} \begin{bmatrix} x_c \\ y_c \\ z_c \\ 1 \end{bmatrix} \tag{3.7}$$

3. 相机坐标系与世界坐标系间的转换

如上所述,世界坐标系用于描述相机和其他物体的客观位置,当相机坐标系的原点和世界坐标系的原点重合且 x_c 轴、y_c 轴平行于 x_w 轴和 y_w 轴时,可以认为相机坐标系就等于世界坐标系。但是在实际的操作过程中这是不可能的,二者的原点会发生偏移,坐标轴也会形成一定的夹角。因此,需要使用一个旋转矩阵 R 和一个平移矢量 t 来完成二者之间的转换。

对于世界坐标系上的一点 $P(x_w, y_w, z_w)$,以绕着 x_w 轴旋转为例,可以得到旋转示意图如图 3.5 所示。

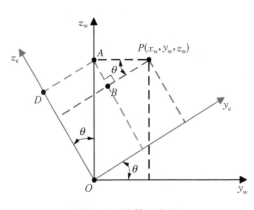

图 3.5 旋转示意图

此时,点 $P(x_w, y_w, z_w)$ 是绕 x_w 轴进行旋转的,因此 x 坐标不变。在 $\triangle ABP$ 和 $\triangle ADO$ 中进行三角函数计算,可得

$$x_c = x_w \tag{3.8}$$

$$y_c = y_w \times \cos\theta + z_w \times \sin\theta \tag{3.9}$$

$$z_c = z_w \times \cos\theta - y_w \times \sin\theta \tag{3.10}$$

转换成矩阵的形式则可以表示为

$$\begin{bmatrix} x_c \\ y_c \\ z_c \end{bmatrix} = \begin{bmatrix} 1 & 0 & 0 \\ 0 & \cos\theta & \sin\theta \\ 0 & -\sin\theta & \cos\theta \end{bmatrix} \begin{bmatrix} x_w \\ y_w \\ z_w \end{bmatrix} \tag{3.11}$$

记等式左边的第一项为 R_x，表示绕 x 轴旋转的旋转矩阵 R。

以此类推，可得到绕 y 轴和 z 轴旋转时的坐标变换表达式，同时还能够得到 R_y 和 R_z，则最终的旋转矩阵和坐标变换公式为

$$R = R_x R_y R_z \tag{3.12}$$

$$\begin{bmatrix} x_c \\ y_c \\ z_c \end{bmatrix} = R \begin{bmatrix} x_w \\ y_w \\ z_w \end{bmatrix} + t \tag{3.13}$$

3.2　数字图像基础

3.2.1　数字图像

图像是对客观世界的一种描述，是具有视觉效果的画面，如照片、影像等[35]。无论是哪一种形式的图像，其上每一个点的颜色和明暗程度都各不相同，通常使用灰度来衡量各点的亮度，取值区间为 0~255；使用灰度级来描述不同灰度的最大数目，其能够反映图像的亮度范围。灰度级越大，图像的亮度范围就越大；相反，灰度级越小，图像的亮度范围就越小。根据灰度和灰度级的概念，可以将一幅图像定义为一个二维函数 $f(x, y)$，其中 (x, y) 是平面上的位置点坐标，$f(x, y)$ 表示该坐标点的图像灰度。根据不同的图像记录方式，可以将图像分为模拟图像和数字图像。当 x、y 都是连续变化的值时，该图像为模拟图像，又称为连续图像，可以用一个连续函数来表示，如式(3.14)所示：

$$I = f(x, y) \tag{3.14}$$

当 x、y 都是离散变化的值时，该图像为数字图像，可以将数字图像看成对模拟图像的离散化，其本质是一个存储数据的二维矩阵，矩阵中的元素 $f(x, y)$ 就是坐标为 (x, y) 的位置点对应的灰度，位置点称为像素，如式(3.15)所示：

$$I = f(x, y) = \begin{bmatrix} f(0, 0) & f(0, 1) & \cdots & f(0, N-1) \\ f(1, 0) & f(1, 1) & \cdots & f(1, N-1) \\ \vdots & \vdots & & \vdots \\ f(M-1, 0) & f(M-1, 1) & \cdots & f(M-1, N-1) \end{bmatrix}_{M \times N}$$

$$\tag{3.15}$$

数字图像又可以划分为二值图像、灰度图像和彩色图像。二值图像指的是图像中像素的灰度仅有两个取值,即 0 和 255。其中,0 表示最低亮度,即黑色;255 表示最高亮度,即白色。因此,二值图像表现为黑白状态。灰度图像在二值图像的基础上加入了一些介于黑色和白色之间的颜色,像素的灰度取值范围进一步扩大,可以取 0~255 任意整数值。但是灰度图像上的每个像素点仍仅有一个采样颜色,因此可以用一个二维函数 $f(x,y)$ 来表示。彩色图像相比于灰度图像引入了更多的颜色,由三个二维函数 $f(x,y)$ 组成。例如,RGB 图像上的每个像素点使用红、绿、蓝三元组矩阵来表示,三元组每个数值的范围通常也是 0~255。

由不同种类的数字图像衍生出了图像深度、图像通道数的概念。图像深度指的是存储图像中像素点所需要的比特位数。例如,一幅图像中的像素点拥有 256 级灰度级,需要 8 个比特位来存储,即该图像的深度为 8。图像通道数指的是描述一个像素点所需要的数值个数。对于灰度图像,描述一个像素点仅需要一个整数值,因此灰度图像是单通道的;对于 RGB 图像,描述一个像素点需要三个数值,因此 RGB 图像是三通道的。

3.2.2 颜色模型

颜色模型指的是在三维颜色空间中的一个可见光子集,使用不同的属性对该色彩域中的所有颜色加以说明。最常用的颜色模型包括 RGB 模型、CMY(cyan、magenta、yellow,青、品红、黄)模型、CMYK(cyan、magenta、yellow、black,青、品红、黄、黑)模型、HSI(hue、saturation、intensity,色调、饱和度、亮度)模型等[34]。

1. RGB 模型

RGB 模型以黑色为底色,使用色光三原色即红色、绿色、蓝色相互叠加和混合来表示各种不同的颜色,混合得到的颜色具有更高的明度,可以看成在黑光中增加了一定颜色,因此 RGB 模型也称为加色混色模型,应用于各种显示器显示彩色图像,如计算机、电视、手机等。RGB 模型可以看成根据笛卡儿坐标系建立的一个单位立方体,立方体中的每个彩色像素点都使用三元值 (R,G,B) 来表示。R、G、B 的取值范围为 0~255,当 R、G、B 均为 0 时,表示黑色;当 R、G、B 均为 255 时,表示白色。图 3.6 展示了 RGB 颜色立方体。

2. CMY 和 CMYK 模型

CMY 模型以白色为底色,使用色料三原色即青色、品红色、黄色相互叠加和

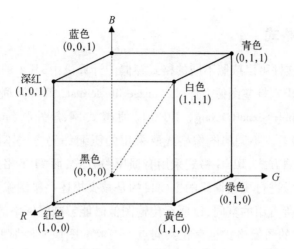

图 3.6 RGB 颜色立方体

混合来表示各种不同的颜色,混合得到的颜色明度和纯度都会降低,可以看成从白光中减去了部分颜色,因此 CMY 模型也称为减色混色模型,只有当有外界光源照射时才能够显示出相应的颜色,通常应用于打印机或复印机的输出。

在打印机或复印机工作的过程中,需要进行 RGB 数据到 CMY 数据的转换。使用的油墨首先吸收一部分光,然后将不能吸收的光反射出去,经过反射的光再度混合后进入人眼,合成最终的颜色。但是油墨的纯度无法达到极致,CMY 模型只能获得深灰色而无法合成纯黑色,因此提出了 CMYK 模型,在 CMY 模型的基础上添加了黑色,应用于打印、印刷等工作。

3. HSI 模型

HSI 模型使用色调、饱和度、亮度来表示各种颜色。其中,色调用于描述颜色的属性,区分颜色的种类;饱和度用于表示颜色的鲜艳程度;亮度用于表示颜色的明暗程度。这三个属性都是从人体感知的角度出发,描述人对色彩的主观感受和认知,因此相比于 RGB 模型,HSI 模型能够提供更加直观的描述。可以用一个双锥体来表示色调、饱和度和亮度这三个属性,双锥体 HSI 模型如图 3.7 所示。

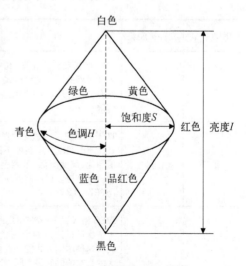

图 3.7 双锥体 HSI 模型

3.2.3　图像格式

图像数据文件可以按照不同的格式存储于计算机中,常见的图像格式有位图(bitmap,BMP)、标签图像文件(tay image file format,TIFF)、联合图像专家组(joint photographic expert group,JPEG)、便携式网络图形(portable network graphics,PNG)等。不同的图像格式所采用的压缩编码方式不同,如 BMP 格式采用无损压缩方式,JPEG 格式采用有损压缩方式,而 TIFF 格式支持多种压缩方式。对图像进行压缩编码的主要目的是减少描述一幅图像所需要的数据量和图像存储所占用的空间,以便在传输图像时能够减轻网络的负担。

同时,不同的图像格式也存在共同点。一般的图像文件都由文件头、文件体、文件尾三部分构成。文件头中记录了图像文件类型、分辨率、大小、保留字、有无调色板等基本信息;文件体中包含调色板信息和像素数据两部分,调色板信息中存储了颜色信息,即 RGB 值,是颜色的索引。采用这种索引结构能够大大减少数据存储量。需要注意的是,在真彩色图像中没有调色板数据,因为真彩色图像中的每个像素值本身就由 R、G、B 三个分量组成;像素数据中记录了图像中每一个像素点的信息,是图像压缩技术的操作对象。文件尾用于存储用户信息,如用户名、开发日期等,但并不是所有图像都包含这部分信息。

表 3.1 展示了一些常用的图像格式及其相关描述。

表 3.1　常用的图像格式及其相关描述

图像格式	文件扩展名	描　述	应　用
BMP	.bmp	BMP 格式又称为位图,位于 Windows 环境中,属于未经压缩的图像文件格式。其详尽地保留了图像的所有信息,导致占用磁盘空间较大,并且不利于网络传输	适用于对图像质量要求较高的情况,如照片细节处理、像素分析等
TIFF	.tif	TIFF 格式灵活且适应性强,拥有 TIFF－B、TIFF－G、TIFF－P、TIFF－R 四种不同的格式,分别适用于二值图像、灰度图像、带调色板的彩色图像和真彩色图像。其支持多种压缩方式,包括 LZW、JPEG、JPEG－LS、RLE、LZW 等	印刷、传真、扫描等
JPEG	.jpg	JPEG 格式属于一种高质量的有损压缩格式,在图像上依次进行离散的余弦变换、数据量化、霍夫曼编码。这种压缩方式能够在保证图像质量不会受到太大的影响的同时最大限度减少图像的占用空间	数字相机、浏览器图像

续　表

图像格式	文件扩展名	描　述	应　用
PNG	.png	PNG 格式属于一种无损压缩格式,能够保证在压缩时不丢失图像信息。PNG 格式除了使用 R、G、B 三通道合成图像,还使用 Alpha 通道来表示各个像素点的透明度,支持透明效果	浏览器图像、Java 程序

3.3　数字图像处理

3.3.1　二值化

图像二值化就是将图像上像素点的灰度设置为 0 或者 255,即图像上所有像素点都是非黑即白的,经过二值化处理后的图像称为二值图像。在实际应用中,二值化的操作过程如图 3.8 所示。

图 3.8　图像二值化过程

二值化本质上是对图像的二分类分割,通常应用于分离感兴趣的目标和背景。常用的图像二值化方法是阈值法,即选取一个数字作为阈值,对于图像中所有像素,大于该阈值的像素灰度设置为 0,小于该阈值的像素灰度设置为 255。根据选择阈值的方法不同,二值化可以分为全局阈值二值化和局部阈值二值化[36]。

1. 全局阈值二值化

全局阈值二值化指的是使用一个固定的阈值来处理图像中的所有像素。这类方法较为简单,对于目标和背景分割清晰的图像效果较好。下面介绍一种最佳的全局阈值处理方法——OTSU 算法[37]。

OTSU 算法也称最大类间方差法或大津法,适用于直方图呈双峰的图像。其主要原理是将图像分为目标和背景两部分,计算这两部分的类间方差。类间方差能够反映目标和背景灰度分布的差异程度,类间方差越大,目标和背景的差异程度越大。若将部分目标错分为背景或者将部分背景错分为目标,则会导致二者的差异变小。因此,当类间方差最大时,图像的分割达到最优。OTSU 算法的大致计算过程如下。

对于一幅大小为 $M \times N$ 的图像 $f(x, y)$,假设目标 A 和背景 B 的阈值为 T,属于目标的像素点,即灰度小于等于阈值 T 的像素个数为 N_0,占整幅图像的比例为 w_0,其平均灰度为 μ_0;属于背景的像素点,即灰度大于阈值 T 的像素个数为 N_1,占整幅图像的比例为 w_1,其平均灰度为 μ_1。图像的整体平均灰度记为 μ,类内方差记为 g_n,类间方差记为 g,则有

$$w_0 = \frac{N_0}{M \times N} \tag{3.16}$$

$$w_1 = \frac{N_1}{M \times N} \tag{3.17}$$

$$w_0 + w_1 = 1 \tag{3.18}$$

目标和背景的平均灰度以及图像的整体平均灰度分别为

$$\mu_0 = \frac{1}{N_0} \sum_{i, j \in A} f(i, j) \tag{3.19}$$

$$\mu_1 = \frac{1}{N_1} \sum_{i, j \in B} f(i, j) \tag{3.20}$$

$$\mu = w_0 \times \mu_0 + w_1 \times \mu_1 \tag{3.21}$$

根据方差的概念,可以得到类间方差为

$$g = w_0 \times (\mu_0 - \mu)^2 + w_1 \times (\mu_1 - \mu)^2 \tag{3.22}$$

将式(3.21)代入式(3.22),得到等价公式:

$$g = w_0 \times w_1 \times (\mu_0 - \mu_1)^2 \tag{3.23}$$

接下来遍历灰度 0~255,计算每个灰度对应的类间方差,使得类间方差最大的灰度为最佳阈值 T。最后使用最佳阈值对图像进行二值化处理。

如图 3.9 所示,图 3.9(a)和(b)分别展示了原始图像和经过 OTSU 算法处理后的图像及其对应的直方图。

2. 局部阈值二值化

在实际的应用过程中,图像会遭受噪声的侵扰或者光照不均导致其质量变

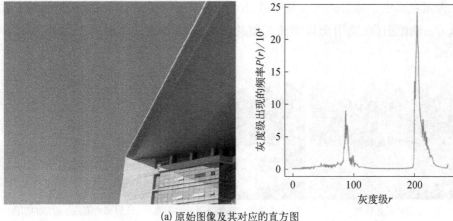

(a) 原始图像及其对应的直方图

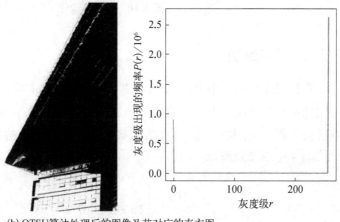

(b) OTSU算法处理后的图像及其对应的直方图

图 3.9　OTSU 算法处理前后的图像及其对应的直方图

差、直方图分布不均匀,此时采用全局阈值二值化的方法处理效果不佳,会漏掉一些关键信息,因此需要采用局部阈值二值化的方法。局部阈值二值化指的是以当前像素点为中心选取一块矩形区域,在这块矩形区域上计算阈值。这种方法针对每一个像素点采用不同的阈值,并且同时考虑了当前像素点及其周围像素点的灰度特征,使得图像中不同亮度、对比度的区域拥有不同的阈值,较为明亮的区域阈值较大,而较为昏暗的区域阈值较小。常用的局部阈值二值化方法包括局部均值法和局部高斯法。

局部均值法和局部高斯法的区别仅在于计算方法。在局部均值法中,首先需要计算以当前像素点为中心的矩形邻域内各个像素点的灰度平均值,然后使用灰度平均值减去一个常数 C 即可。在局部高斯法中,计算的是矩形邻域内各个像素点到中心像素点的高斯距离,并将所有的高斯距离加权相加,最后减去常数 C。原始图像、使用全局阈值二值化和局部均值法处理后的图像如图 3.10 所示。

(a) 原始图像   (b) 全局阈值二值化处理后的图像   (c) 局部均值法处理后的图像

图 3.10   图像二值化

3.3.2   通道变换

彩色图像可以使用 RGB、HSI 等模型来表示,HSI 形式的图像和 RGB 形式的图像不同之处仅在于三个通道上物理量的表示方法不同,但它们之间可以相互转换。将一幅 RGB 形式的图像转换为 HSI 形式的图像转换公式如式 (3.24)~式(3.26)所示:

$$H = \begin{cases} \theta, & B \leqslant G \\ 2\pi - \theta, & B > G \end{cases} \tag{3.24}$$

$$S = 1 - \frac{3}{R + G + B} \times \min(R, G, B) \tag{3.25}$$

$$I = \frac{R + G + B}{3} \tag{3.26}$$

其中,

$$\theta = \arccos\left\{ \frac{\frac{1}{2} \times \left[(R - G) + (R - B) \right]}{\sqrt{(R - G)^2 + (R - B)(G - B)}} \right\}$$

HSI 形式的图像转换为 RGB 形式的图像过程需要分情况讨论。

(1) 当 $0 \leqslant H < \frac{2\pi}{3}$ 时,属于 RG 扇区,此时:

$$R = I \times \left[1 + \frac{S \times \cos H}{\cos\left(\dfrac{\pi}{3} - H\right)} \right] \tag{3.27}$$

$$B = I \times (1 - S) \tag{3.28}$$

$$G = 3 \times I - (R + B) \tag{3.29}$$

（2）当 $\dfrac{2\pi}{3} \leqslant H < \dfrac{4\pi}{3}$ 时，属于 GB 扇区，此时需要先变换 H 值：

$$H' = H - \frac{2\pi}{3} \tag{3.30}$$

$$R = I \times (1 - S) \tag{3.31}$$

$$G = I \times \left[1 + \frac{S \times \cos H}{\cos\left(\dfrac{\pi}{3} - H\right)} \right] \tag{3.32}$$

$$B = 3 \times I - (R + G) \tag{3.33}$$

（3）当 $\dfrac{4\pi}{3} \leqslant H < 2\pi$ 时，属于 BR 扇区，同样需要先变换 H 值：

$$H' = H - \frac{4\pi}{3} \tag{3.34}$$

$$G = I \times (1 - S) \tag{3.35}$$

$$B = I \times \left[1 + \frac{S \times \cos H}{\cos\left(\dfrac{\pi}{3} - H\right)} \right] \tag{3.36}$$

$$R = 3 \times I - (B + G) \tag{3.37}$$

将 RGB 数据转换到 CMY 数据的过程更加简单，其对应的公式如式（3.38）所示：

$$\begin{bmatrix} C \\ M \\ Y \end{bmatrix} = \begin{bmatrix} 1 \\ 1 \\ 1 \end{bmatrix} - \begin{bmatrix} R \\ G \\ B \end{bmatrix} \tag{3.38}$$

3.3.3　图像锐化

图像锐化处理的目的是增强图像边缘、轮廓,突出图像中的细节信息,使模糊的图像变得清晰。在一幅图像的产生和传播过程中,总会受到不必要的或多余的噪声干扰,使得图像的质量大幅降低,因此通常采用一些图像平滑手段来消除噪声的影响。但是,噪声和图像的边缘信息均分布在图像频谱的高频部分,消除噪声的同时也会导致图像的边缘信息被破坏或者丢失,图像边缘变得模糊不清。为了解决上述问题,提出图像锐化技术,使用空间微分法来提高像素在邻域空间内的灰度差[38]。

1. 微分运算和像素

首先,对于一幅数字图像,其对应的离散二维函数 $f(x, y)$ 的一阶偏微分定义为差分形式,如式(3.39)和式(3.40)所示:

$$\frac{\partial f}{\partial x} = f(x + 1, y) - f(x, y) \tag{3.39}$$

$$\frac{\partial f}{\partial y} = f(x, y + 1) - f(x, y) \tag{3.40}$$

则可得到其二元函数差分如式(3.41)所示:

$$\nabla f = \frac{\partial f}{\partial x} + \frac{\partial f}{\partial y} = -\left[f(x + 1, y) + f(x, y + 1) - 2f(x, y)\right] \tag{3.41}$$

在图像的边缘部分,相邻像素的灰度会发生较大的变化。由于一阶微分定义为差值形式,计算相邻两个像素点之间灰度的差可以根据一阶微分的变化来判断当前位置是否存在边缘。若在恒定灰度区域,则一阶微分的值为 0;若在灰度发生变化的区域,则一阶微分的值不为 0。

2. 图像的拉普拉斯锐化

拉普拉斯锐化使用建立在二阶微分基础上的拉普拉斯算子来增强图像边缘轮廓。在上述的数字图像 $f(x, y)$ 中,拉普拉斯算子的定义如式(3.42)所示:

$$\nabla^2 f = \frac{\partial^2 f}{\partial x^2} + \frac{\partial^2 f}{\partial y^2} \tag{3.42}$$

x 方向和 y 方向的二阶差分分别如式(3.43)和式(3.44)所示:

$$\frac{\partial^2 f}{\partial x^2} = f(x + 1, y) + f(x - 1, y) - 2f(x, y) \tag{3.43}$$

$$\frac{\partial^2 f}{\partial y^2} = f(x, y + 1) + f(x, y - 1) - 2f(x, y) \tag{3.44}$$

将式(3.43)和式(3.44)代入式(3.42)可得

$$\nabla^2 f = 4f(x, y) - f(x - 1, y) - f(x, y + 1) - f(x + 1, y) - f(x, y - 1) \tag{3.45}$$

将式(3.45)表示为模板系数的形式,即可得到拉普拉斯锐化模板,如图 3.11 所示。该模板是四方向的,只有邻域内的中心像素以及中心像素的上、下、左、右四个 90°方向上的像素值进行了拉普拉斯变换。如果在此基础上将中心像素 45°方向上的四个像素也加入运算,那么就可以得到八方向的拉普拉斯锐化模板,如图 3.12 所示。

0	−1	0
−1	4	−1
0	−1	0

−1	−1	−1
−1	8	−1
−1	−1	−1

图 3.11　四方向的拉普　　　　图 3.12　八方向的拉普
　　　　拉斯锐化模板　　　　　　　　　拉斯锐化模板

使用拉普拉斯算子对图像进行增强的过程就是将拉普拉斯处理后的结果叠加在原始图像上,计算方法如式(3.46)所示:

$$g(x, y) = \begin{cases} f(x, y) - \nabla^2 f(x, y), & \nabla^2 f(x, y) < 0 \\ f(x, y) + \nabla^2 f(x, y), & \nabla^2 f(x, y) \geqslant 0 \end{cases} \tag{3.46}$$

式中,$f(x, y)$ 表示原图;$\nabla^2 f(x, y)$ 表示拉普拉斯锐化处理后的结果;$g(x, y)$ 表示锐化后的图像。

图 3.13(a)和(b)分别展示了原始图像和经过拉普拉斯锐化后的结果。

(a) 原始图像　　　　　　　　　(b) 锐化后的结果

图 3.13　拉普拉斯锐化结果

3.3.4　对比度增强

在一幅图像中一定存在较为明亮的区域和较为黑暗的区域,图像的对比度用于描述明、暗区域的像素灰度级的差异程度。将对比度反映在直方图上,不难发现,高对比度的直方图更加宽阔、平坦,灰度级的差异程度更大;低对比度的直方图更加狭窄,灰度级的差异程度更小。图 3.14(a)和(b)分别展示了高对比度和低对比度的图像及其直方图。

观察图 3.14 还可以发现,高对比度的图像更加生动、颜色更加鲜亮、轮廓更加清晰。在实际的图像采集过程中,不可避免地会受到光照、采集方法不当等因素的影响,导致图像的对比度过低,这就需要对图像进行对比度增强处理。对比度拉伸和直方图均衡化都是增强对比度的方法。

1. 对比度拉伸

对比度拉伸指的是有选择地将原始图像直方图中的某一段灰度分布区间进行均匀的拉伸来增强对比度,或者进行均匀的压缩来降低对比度,可以将其看成一种局部的对比度增强方法,其变换函数如式(3.47)所示:

$$f(x) = \begin{cases} \dfrac{y_1}{x_1}x, & 0 \leqslant x < x_1 \\[2ex] \dfrac{y_2 - y_1}{x_2 - x_1}(x - x_1) + y_1, & x_1 \leqslant x < x_2 \\[2ex] \dfrac{255 - y_2}{255 - y_1}(x - x_2) + y_2, & x \geqslant x_2 \end{cases} \tag{3.47}$$

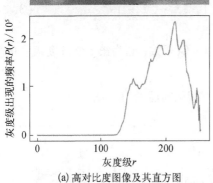

(a) 高对比度图像及其直方图

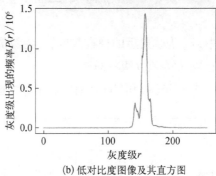

(b) 低对比度图像及其直方图

图 3.14　不同对比度的图像及其直方图

式中，(x_1,y_1)、(x_2,y_2) 分别为进行拉伸灰度区间的起始位置坐标和结束位置坐标；x 为在灰度区间内输入的像素点的灰度；$f(x)$ 为输出的灰度。

式(3.47) 对应的函数图像如图 3.15 所示。

当拉伸区间内的函数斜率 $\dfrac{y_2-y_1}{x_2-x_1}>1$ 时，起到的是拉伸作用，即拓宽直方图的灰度分布区间，使得图像对比度增强；当拉伸区间内的函数斜率<1 时，起到的是压缩作用，即压缩直方图的灰度分布区间，使得图像对比度减弱；当拉伸区间内的函数斜率 $\dfrac{y_2-y_1}{x_2-x_1}=1$ 时，该函数为一个线性

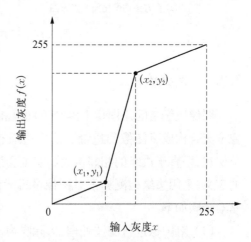

图 3.15　灰度拉伸函数图像

函数,对图像没有影响。

2. 直方图均衡化

直方图均衡化需要改变图像中各个像素点的灰度,使得变换后的灰度直方图更加平坦、分散,而不是像原始直方图一样密集。在这个过程中必须保证像素的大小关系对应不变,即图像的明暗关系不会受到影响。与对比度拉伸不同的是,直方图均衡化的效果可应用于整幅图像,也就是说它是一种全局的对比度增强方法。

直方图均衡化采用一种累积分布函数来实现,如式(3.48)所示:

$$a_k = \sum_{j=0}^{k} \frac{n_j}{n}, \quad k = 0, 1, 2, \cdots, L-1 \tag{3.48}$$

式中,a_k 为映射后的像素灰度;n 为图像中总像素数;n_j 为第 j 个灰度级中的像素总数;L 为灰度级的总数。

图 3.16(a)和(b)分别展示了直方图均衡化前后的直方图。

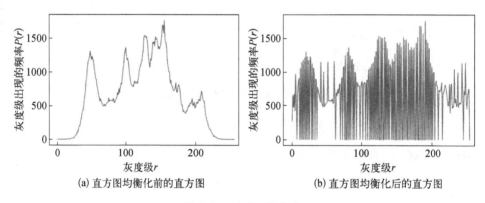

(a) 直方图均衡化前的直方图   (b) 直方图均衡化后的直方图

图 3.16　直方图均衡化

3.3.5　边缘检测

图像边缘指的是图像上两个不同且相邻的区域之间邻接的部分,这部分的像素集合构成了图像的边缘。图像边缘有两个要素,即方向和幅度。如 3.3.3 节所述,垂直于边缘的相邻像素的灰度会发生跃变。因此,可以根据差分和梯度的定义,采用边缘检测算子对图像进行滤波来实现边缘检测。边缘检测算法的基本步骤如下:

(1) 对图像进行滤波处理,去除噪声。

(2) 寻找边缘点。使用边缘检测算子和原始图像进行卷积运算,卷积运算得到的图像矩阵中,若某一个像素点的邻域内同时存在大于 0 的值和小于 0 的值,则该像素点为边缘点。

（3）筛选边缘点。通过卷积运算得到的边缘点中可能会混入一些错误的噪声点,因此设定一个阈值,若该像素点邻域内的最大值和最小值之差大于该阈值,则该点为边缘点,否则不是边缘点。

（4）构成边缘。将得到的边缘点连接在一起,即可构成图像边缘。

由上述步骤可以看出,不同边缘检测算法的区别仅在于使用的边缘检测算子不同。下面介绍几种常用的边缘检测算子。

首先需要了解梯度的概念。数字图像对应的二维函数 $f(x, y)$ 是离散形式的,因此使用差分来反映 x、y 变量之间的变化。对于一个一维的离散函数 $f(x)$,其一阶差分定义为

$$\frac{\mathrm{d}}{\mathrm{d}x}f(x) = f(x + 1) - f(x) \tag{3.49}$$

然后推导至二维离散图像 $f(x, y)$：

$$\frac{\partial}{\partial x}f(x, y) = f(x + 1, y) - f(x, y) \tag{3.50}$$

$$\frac{\partial}{\partial y}f(x, y) = f(x, y + 1) - f(x, y) \tag{3.51}$$

梯度向量 ∇f 表示的是 $f(x, y)$ 在像素点 (x, y) 处在 x 方向和 y 方向的变化率,使用向量定义为

$$\nabla f \equiv \mathrm{grad}(f) \equiv \begin{bmatrix} g_x \\ g_y \end{bmatrix} \equiv \begin{bmatrix} \dfrac{\partial f}{\partial x} \\ \dfrac{\partial f}{\partial y} \end{bmatrix} \tag{3.52}$$

式中,$\dfrac{\partial f}{\partial x}$ 和 $\dfrac{\partial f}{\partial y}$ 分别为式（3.50）和式（3.51）表示的二维离散图像 $f(x, y)$ 的一阶差分。

图 3.17 展示了梯度向量在点

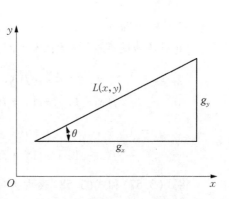

图 3.17　梯度方向和变化率

(x, y)处的方向和变化率。由 x、y 两方向的变化率可以求出最大变化率,即梯度向量方向的变化率。记梯度向量 ∇f 的长度为 $L(x, y)$,则有

$$L(x, y) = \sqrt{g_x^2 + g_y^2} \tag{3.53}$$

梯度向量方向与 x 轴的夹角为

$$\theta = \arctan\left(\frac{g_y}{g_x}\right) \tag{3.54}$$

1. 梯度算子

1）Roberts 算子

Roberts(罗伯茨)算子在 x 方向和 y 方向的滤波值定义如下:

$$g_x = f(x + 1, y + 1) - f(x, y) \tag{3.55}$$

$$g_y = f(x, y + 1) - f(x + 1, y) \tag{3.56}$$

将式(3.55)和式(3.56)表现为模板系数的形式,对应的模板大小为 2×2,如图3.18 所示。

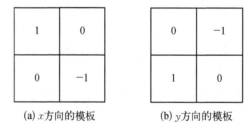

(a) x 方向的模板　　　　(b) y 方向的模板

图 3.18　Roberts 算子模板

2）Prewitt 算子

Prewitt(薄瑞维特)算子在 x 方向和 y 方向的滤波值定义如下:

$$g_x = f(x - 1, y - 1) + f(x, y - 1) + f(x + 1, y - 1)$$
$$- [f(x - 1, y + 1) + f(x, y + 1) + f(x + 1, y + 1)] \tag{3.57}$$

$$g_y = f(x + 1, y - 1) + f(x + 1, y) + f(x + 1, y + 1)$$
$$- [f(x - 1, y - 1) + f(x - 1, y) + f(x - 1, y + 1)] \tag{3.58}$$

将式(3.57)和式(3.58)表现为模板系数的形式,对应的模板大小为 3×3,如图3.19 所示。

−1	−1	−1
0	0	0
1	1	1

−1	0	1
−1	0	1
−1	0	1

(a) x 方向的模板　　　　　　(b) y 方向的模板

图 3.19　Prewitt 算子模板

3）Sobel 算子

Sobel(索贝尔)算子在 x 方向和 y 方向的滤波值定义如下：

$$g_x = f(x-1, y-1) + 2f(x, y-1) + f(x+1, y-1)$$
$$- [f(x-1, y+1) + 2f(x, y+1) + f(x+1, y+1)] \quad (3.59)$$

$$g_y = f(x+1, y-1) + 2f(x+1, y) + f(x+1, y+1)$$
$$- [f(x-1, y-1) + 2f(x-1, y) + f(x-1, y+1)] \quad (3.60)$$

将式(3.59)和式(3.60)表现为模板系数的形式,对应的模板大小为 3×3,如图 3.20 所示。

−1	−2	−1
0	0	0
1	2	1

−1	0	1
−2	0	2
−1	0	1

(a) x 方向的模板　　　　　　(b) y 方向的模板

图 3.20　Sobel 算子模板

2. LOG 和 DOG 算子

1）LOG 算子

高斯拉普拉斯(Laplacian of Gaussian，LOG)算子是对高斯函数求二阶导的算子。二维高斯函数如式(3.61)所示：

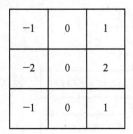

$$G(x, y) = \frac{1}{\sqrt{2\pi\sigma^2}} e^{-\frac{x^2+y^2}{2\sigma^2}} \quad (3.61)$$

则 LOG 算子为

$$\text{LOG} \stackrel{\text{def}}{=\!=} \frac{x^2 + y^2 - 2\sigma^2}{\sigma^4} e^{-\frac{x^2+y^2}{2\sigma^2}} \tag{3.62}$$

2）DOG 算子

高斯差分(difference of Gaussians, DOG)算子使用式(3.61)的高斯函数,取两个不同的参数 σ 构建两个不同的高斯模板,对图像 $f(x, y)$ 进行平滑后再进行差分,得到的两幅图像分别为

$$g_1(x, y) = G_{\sigma_1}(x, y) \times f(x, y) \tag{3.63}$$

$$g_2(x, y) = G_{\sigma_2}(x, y) \times f(x, y) \tag{3.64}$$

将上面两幅图像进行差分可得

$$g_1(x, y) - g_2(x, y) = \left[G_{\sigma_1}(x, y) - G_{\sigma_2}(x, y) \right] \times f(x, y) \tag{3.65}$$

记式(3.65)中的 $G_{\sigma_1} - G_{\sigma_2}$ 为 DOG,则 DOG 算子为

$$\text{DOG} \stackrel{\text{def}}{=\!=} G_{\sigma_1} - G_{\sigma_2} = \frac{1}{\sqrt{2\pi}} \left(\frac{1}{\sigma_1} e^{-\frac{x^2+y^2}{2\sigma_1^2}} - \frac{1}{\sigma_2} e^{-\frac{x^2+y^2}{2\sigma_2^2}} \right) \tag{3.66}$$

3. Canny 算子

Canny 算子是传统边缘检测算法的综合,包含滤波、增强、检测、优化等[39]。

Canny 算法中采用非极大值抑制(non-maximum suppression, NMS)的方法剔除非边缘点,具体做法是:计算梯度方向上某个像素灰度及其前后两个像素灰度的比值,若该比值不是最大值,则证明该点不是边缘,需要被剔除。

另外,Canny 算法采用双阈值法检测和连接边缘,使用大、小两个阈值,高于大阈值的为边缘,低于小阈值的被筛选掉。筛选后会出现图像边缘不闭合的断连情况,这时就需要根据位于两个阈值中间的点构建新的边缘完成连接。Canny 算法步骤如图 3.21 所示。

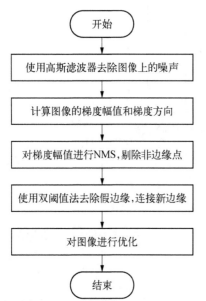

图 3.21　Canny 算法步骤

3.3.6　腐蚀与膨胀

腐蚀与膨胀是图像形态学处理中的两个基本操作。在数字图像处理中,将要处理的图像称为目标,将组成图像的子区域或者子图像称为结构元素(structure element, SE)。结构元素的尺寸远小于待处理的目标图像,并且拥有各种不同的形状,如十字形、矩形、圆形等。在进行腐蚀和膨胀处理时,通常根据结构元素的尺寸构建一个最小的矩形邻域,该矩形邻域可以正好将结构元素包含在内,邻域的中点表示结构元素的位置。图 3.22 展示了不同形状的结构元素及其对应的矩形邻域形式。

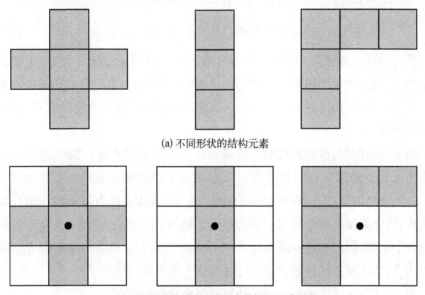

(a) 不同形状的结构元素

(b) 不同形状的结构元素对应的矩形邻域形式

图 3.22　不同形状的结构元素及其对应的矩形邻域形式

在具体的计算过程中,用模板来表示结构元素。模板尺寸与结构元素对应的矩形邻域尺寸相同,结构元素所在位置的值为 1,用于构建矩形邻域填充部分的值为 0。图 3.23 展示了一个结构元素及其矩形邻域形式和模板表示形式。

1. 腐蚀

腐蚀操作用于消除图像中不同区域之间细小的连接线,剔除小于结构元素的区域,即杂点或噪声点,相当于图像去噪的效果。

假设 A 为图像 $f(x, y)$ 上的一个目标区域的像素集合,S 为结构元素,B 为腐

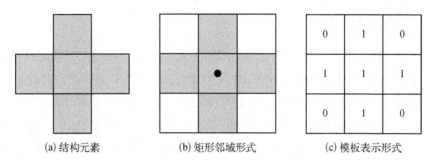

(a) 结构元素   (b) 矩形邻域形式   (c) 模板表示形式

图 3.23   结构元素不同的表示形式

蚀后的像素集合,则使用 S 对 A 进行腐蚀可以表示为

$$B = \{(x, y) \mid S_{x,y} \subseteq A\} \tag{3.67}$$

该过程可以理解为:使用一个结构元素 S,从图像的左上角开始,依次进行从左到右、从上到下的滑动。在滑动的过程中,当结构元素的中心和图像的某个像素重合时,若结构元素完全位于目标区域 A 的内部,则保留该像素点,否则不保留该像素点。

对于二值图像,像素灰度的取值只有 0 和 255,因此在进行腐蚀操作时只需要将需要保留的像素点的灰度置为 0,将需要去除的像素点的灰度置为 255 即可。对于彩色图像如三通道的 RGB 图像,每一个像素点的灰度都由三个分量叠加构成,因此需要对三个分量分别进行腐蚀处理。对于灰度图像,其像素的灰度有 256 个取值,因此在进行腐蚀操作时可以取图像 f 中和结构元素重合区域的最小灰度,将不保留的像素点的灰度置为这个最小灰度即可[38]。

图 3.24 展示了腐蚀处理前后的图像像素及结构元素。

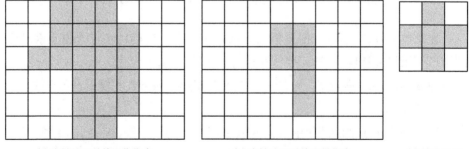

(a) 腐蚀处理前的图像像素   (b) 腐蚀处理后的图像像素   (c) 结构元素

图 3.24   腐蚀处理前后的图像像素及结构元素

2. 膨胀

膨胀操作和腐蚀操作的效果相反,用于补充和扩大图像中的细节,连接一些距离较近的区域或者加粗较为细窄的连接线。

假设 A 为图像 $f(x, y)$ 上的一个目标区域的像素集合,S 为结构元素,C 为膨胀后的像素集合,则使用 S 对 A 进行膨胀可以表示为

$$C = \{(x, y) \mid S_{x, y} \cap A \neq \varnothing\} \tag{3.68}$$

该过程可以理解为:使用一个结构元素 S,从图像的左上角开始,依次进行从左到右、从上到下的滑动。在滑动的过程中,当结构元素的中心和图像的某个像素重合时,若结构元素和目标区域 A 有相交的部分,则保留该像素点,否则不保留该像素点。

对于二值图像和彩色图像的膨胀处理,与上述腐蚀处理的方法相同,而处理灰度图像的过程有所不同,即需要取图像 f 中和结构元素重合区域的最大灰度,将需要保留的像素点的灰度置为这个最大灰度即可。

图 3.25 展示了膨胀处理前后的图像像素及结构元素。

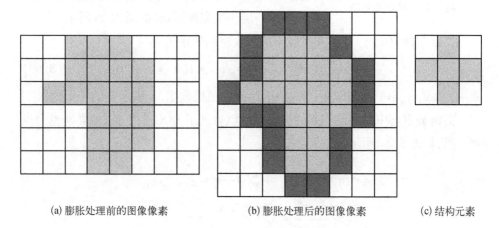

(a) 膨胀处理前的图像像素　　　　　(b) 膨胀处理后的图像像素　　　　(c) 结构元素

图 3.25　膨胀处理前后的图像像素及结构元素

3.3.7　特征提取

图像的特征提取指的是通过一系列变换手段从输入图像中提取感兴趣的区域和需要的特征,在数字图像处理和机器视觉领域应用非常广泛,常应用于目标识别、图像检索、图像拼接等。本节主要介绍尺度不变特征变换(scale invariant feature transform, SIFT)特征提取算法和加速稳健特征(speeded up robust features, SURF)特征提取算法。

1. SIFT 特征提取算法

SIFT 又称尺度不变特征变换[10]。由 SIFT 的名称可以看出,该算法用于保证图像的尺度和旋转角度不变,即无论图像的尺寸和旋转角度如何变化,机器都能够准确地识别出图像内容。SIFT 特征提取算法的实现分为四个步骤,即构建 DOG 尺度空间、在 DOG 尺度空间中提取关键点、为关键点分配方向以及描述关键点。

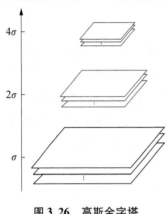

图 3.26　高斯金字塔

（1）构建 DOG 尺度空间。尺度空间指的是在不同的远近程度和模糊程度下描述图像的框架。SIFT 特征提取算法首先构建一个普通的图像多分辨率金字塔,即对同一幅图像不断进行降采样,得到一系列长和宽均缩小为原来 50% 的图像,将这些图像叠加就构成了多分辨率金字塔。然后,在普通的多分辨率金字塔的基础上增加高斯滤波操作构建高斯金字塔,在高斯金字塔的每一层都使用多个不同的 σ 参数进行高斯滤波,从而使得每一层产生多幅图像,如图 3.26 所示。

二维图像 $I(x, y)$ 在不同尺度下的尺度空间表示为

$$L(x, y, \sigma) = G(x, y, \sigma) * I(x, y) \tag{3.69}$$

式中, $G(x, y, \sigma)$ 为高斯核; $I(x, y)$ 为原始图像数据; * 表示空间卷积操作。

高斯金字塔中每一组相邻的两层相减就得到了 DOG 金字塔,即高斯差分尺度空间,如图 3.27 所示。

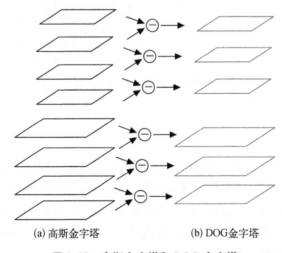

(a) 高斯金字塔　　　　　　　　(b) DOG金字塔

图 3.27　高斯金字塔和 DOG 金字塔

DOG 算子定义为

$$\mathrm{DOG}(x, y, \sigma) = L(x, y, k\sigma) - L(x, y, \sigma) \qquad (3.70)$$

式中，k 为两个相邻尺度间的比例因子。

（2）在 DOG 尺度空间中提取关键点，即寻找 DOG 空间中的局部极值点。对于每一个像素点，在其相邻的上下两层和当前层构成的大小为 3×3×3 的立方体范围内进行比较，若该像素点的值小于或者大于立方体范围内的所有其余像素值，则为局部极值点。所有局部极值点构成关键点集合。在得到关键点集合后，还需要剔除一些对比度较低的点和位于边缘上不稳定的点，针对这一问题有两种解决方法：① 使用高斯差分函数计算特征点的对比度，设置对比度阈值，去除对比度小于阈值的点；② 位于边缘上特征点的主曲率通常大于非边缘区域点的主曲率，设置主曲率阈值，去除主曲率大于阈值的点。

（3）为关键点分配方向。对于筛选后的关键点，计算以其自身为中心，$3 \times 1.5\sigma$ 为半径的圆形区域内图像像素点的幅值和角度，然后将 $0° \sim 360°$ 以 $10°$ 为区间长度划分为 36 个区间，采用直方图的方法对采集到的幅值和角度进行统计，如图 3.28 所示。

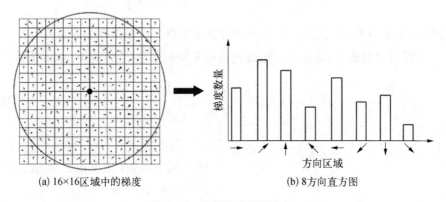

(a) 16×16区域中的梯度　　　　(b) 8方向直方图

图 3.28　幅值和角度直方图

图 3.28(b) 中，横坐标表示各个像素点处梯度的角度，纵坐标表示梯度方向角对应的梯度幅值的累加值。直方图中最高的柱对应的角度即中心关键点的主方向，高于主方向柱 80% 的柱对应的方向为辅方向。方向的精确位置可以通过对最高柱以及最高柱相邻的三个柱进行抛物线插值计算得到。

（4）描述关键点。使用一组向量构成的 SIFT 特征描述子来描述关键点的具体位置、尺度和方向信息。SIFT 特征描述子包含当前关键点和关键点周围对其有贡献的点。构建 SIFT 特征描述子首先需要以当前关键点为中心将坐标轴旋转为第(3)步得到的角度;然后以关键点为中心选取一块 16×16 大小的邻域,计算出邻域范围内每个像素点的幅值和角度;接着将邻域划分为 16 个 4×4 大小的小区间,在小区间内将 0°~360° 以 45° 为区间长度划分为 8 个区间,计算这 8 个区间上的幅值大小,形成一个包含 8 个方向幅值信息的种子点,在 16×16 的邻域内一共可以得到 16 个这样的种子点,这 16 个种子点就构成了一个 128 维的特征向量;最后对特征向量进行归一化(batch normalization)处理,就得到了忽略角度、尺度、光照等影响的特征向量。

2. SURF 特征提取算法

SURF 又称加速稳健特征,是对 SIFT 进行改进后的高效版本[40]。SURF 特征提取算法步骤与 SIFT 特征提取算法基本一致,主要不同点体现在以下几个方面。

(1) 构建尺度空间时,SURF 特征提取算法使用的是 Hessian(黑塞)矩阵。Hessian 矩阵是一个 2×2 大小的二阶偏导数矩阵,表示以前像素点为中心的邻域内像素的梯度变化率,如式(3.71)所示:

$$H(x, y) = \begin{bmatrix} D_{xx}(x, y) & D_{xy}(x, y) \\ D_{xy}(x, y) & D_{yy}(x, y) \end{bmatrix} \tag{3.71}$$

式中,D 表示 DOG 算子;矩阵中的各项分别表示邻域内像素点的像素差分。

实际计算过程中,需要先对图像进行高斯滤波处理,再计算 Hessian 矩阵:

$$H(x, \sigma) = \begin{bmatrix} L_{xx}(x, \sigma) & L_{xy}(x, \sigma) \\ L_{xy}(x, \sigma) & L_{yy}(x, \sigma) \end{bmatrix} \tag{3.72}$$

对于每个像素点,按照式(3.72)计算其 Hessian 矩阵的近似值,即可得到近似 Hessian 行列式图像。然后采用与 SIFT 特征提取算法中相似的方法,保持每一组中的图像大小不变,使用方形滤波器代替高斯滤波器,并使用不同的模板尺度对每组图像进行滤波,以得到多幅图像,构建图像金字塔,如图 3.29 所示。

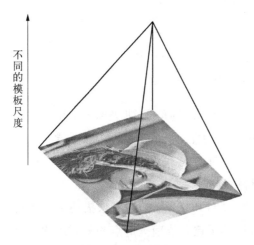

不同的模板尺度

图 3.29 图像金字塔

$$\det H = D_{xx}D_{yy} - (0.9D_{xy})^2 \tag{3.73}$$

（2）为关键点分配方向时，采用 Haar（哈尔）小波变换代替直方图统计法。以筛选过后的关键点为中心构成一个圆形邻域，在邻域内以 0.2 rad 的间隔划分得到几个60°的扇形区域，计算每个60°扇形区域内所有像素点的 x 方向哈尔小波特征值和 y 方向哈尔小波特征值，将两个方向的哈尔小波特征值相加构成该区域内像素点的哈尔小波特征值。选择最大的哈尔小波特征值所在的扇形区域所指的方向作为中心关键点的主方向，如图3.30所示。

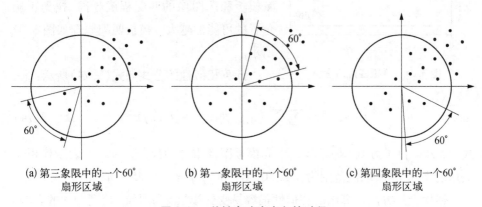

(a) 第三象限中的一个60°　　(b) 第一象限中的一个60°　　(c) 第四象限中的一个60°
　　扇形区域　　　　　　　　　扇形区域　　　　　　　　　扇形区域

图 3.30　关键点确定方向的过程

（3）描述关键点时，需要找到描述关键点的四个向量。首先在关键点周围选择一个沿主方向的 20×20 大小的邻域，将邻域划分为 4×4＝16 个子区间，计算每个子区间上各个像素点相对于主方向的 x 方向的哈尔小波特征值之和 $\sum \mathrm{d}x$、y 方向的哈尔小波特征值之和 $\sum \mathrm{d}y$，以及二者的绝对值 $\sum |\mathrm{d}x|$ 和 $\sum |\mathrm{d}y|$。因此，每个子区间上都有 4 个特征向量，从而构成了每个关键点的 64 维特征向量。

3.3.8　模板匹配

本节介绍模板匹配算法。假设一种情况，在处理图像时存在一幅较大的图像和一幅较小的图像，已知较大的图像中包含较小的图像，即较小的图像是较大的图像的子图像，未知的是小图像的具体位置。此时，使用模板匹配算法能够快速地在较大的图像上搜寻、定位、获取较小的图像或者与较小的图像相似度最高的部分[41]。将较大的图像称为源图像，较小的图像称为模板图像或简称模板。模板匹配同样可以应用于图像检索、目标识别等领域。

假设一幅大小为 $M \times N$ 的图像 $f(x, y)$ 和一个大小为 $m \times n$ 的模板 $t(x, y)$，

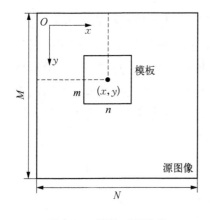

图 3.31　模板匹配原理

以源图像的左上角为原点构建直角坐标系,水平方向为 x 轴,垂直方向为 y 轴。初始时模板的左上角位于原点位置,从原点出发,按照从左到右、从上到下的顺序在源图像上滑动,每滑动一次,就计算一次当前位置上模板和源图像的相似性。相似性越大,表明当前位置模板和源图像的匹配程度越高,找到正确位置的可能性越大。模板匹配原理如图 3.31 所示。

计算相似性的公式如式(3.74)所示:

$$D(p, q) = \sum_{i=1}^{M} \sum_{j=1}^{N} \left[g_{(p, q)}(i, j) - t(i, j) \right]^2 \tag{3.74}$$

式中,$g(i, j)$ 表示源图像 $f(x, y)$ 和模板图像重合的部分;(p, q) 表示模板左上角的坐标位置,取值范围为 $p \in [0, N-n]$,$q \in [0, M-m]$。

使用上述方法计算出的相似性很容易受到模板 t 和图像 f 尺度变化的影响,因此将式(3.74)进行归一化作为相关系数,如式(3.75)所示:

$$R(p, q) = \frac{\sum_{i=1}^{M} \sum_{j=1}^{N} g_{(p, q)}(i, j) \times t(i, j)}{\sqrt{\sum_{i=1}^{M} \sum_{j=1}^{N} \left[g_{(p, q)}(i, j) \right]^2} \times \sqrt{\sum_{i=1}^{M} \sum_{j=1}^{N} \left[t(i, j) \right]^2}} \tag{3.75}$$

滑动结束后,比较求得的所有相关系数,最大的相关系数对应的位置坐标即为所求。当然,可能存在不同位置同时出现最大值的情况,这就说明模板和源图像存在多个匹配。

3.3.9　图像分割

传统的机器视觉算法通常包含两个步骤,即图像预处理、特征提取与分类。连接这两个步骤的桥梁就是图像分割,它是根据几何形状、灰度等将图像划分为多个独立的、互不相交的、具有独特性质的区域,并从各个区域中提取出感兴趣的目标的技术和过程[42]。本节介绍几种常见的图像分割算法。

1. Hough 变换

一般情况下,图像上的像素点都是使用平面直角坐标来表示的。由 3.1.2

节可知,平面直角坐标系和极坐标系可以相互转换,平面直角坐标系中的一条直线对应于极坐标系中的一个点。Hough(霍夫)变换正是利用两个空间坐标系可以相互对应、相互转换的特点,将原始图像空间上的点映射到极坐标系空间,再映射到 Hough 空间中来完成图像上特定形状的检测。

对于一条直线,其平面直角坐标系中的表达式和对应的极坐标系中的表达式分别如式(3.76)和式(3.77)所示:

$$y = ax + b \tag{3.76}$$

$$\rho = x_i\cos\theta + y_i\sin\theta \tag{3.77}$$

式中,ρ 为点 (x_i, y_i) 的极径;θ 为点 (x_i, y_i) 的极角;$a = -\dfrac{\cos\theta}{\sin\theta}$;$b = \dfrac{\rho}{\sin\theta}$;$(x_i, y_i)$ 为直线上的一点。一组 (ρ, θ) 能够确定唯一的一条直线。以 ρ 为横坐标,θ 为纵坐标构建一个二维 Hough 空间 $H(\rho, \theta)$,极坐标系中的一点对应于 Hough 空间中的一条曲线。如图 3.32 所示,原始图像空间中的一条直线最终映射到 Hough 空间中表现为一个点。

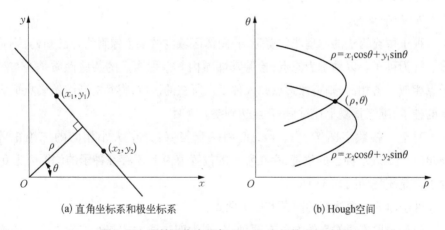

(a) 直角坐标系和极坐标系　　　　(b) Hough空间

图 3.32　原始图像空间与 Hough 空间的坐标映射

一条直线上有无数多个像素点,任何一个像素点都可能位于多条直线上。首先需要找到所有经过这个像素点的直线,为每一条直线分配一个计数器,用于统计该直线经过的像素点个数;然后遍历每一个像素点,对于所有像素点对应的所有直线,若其计数器的值大于所设定的阈值 T,则说明该直线是存在的。

在具体计算时,对于像素点 (x_i, y_i),遍历其所有可能的 θ 取值,根据式(3.17)计算不同的 θ 对应的 ρ,每一组 (ρ, θ) 对应的直线计数器加 1。

以此类推,圆在平面直角坐标系中的表达式为

$$(x - a)^2 + (y - b)^2 = r^2 \tag{3.78}$$

式中,a 和 b 分别为圆心的横纵坐标;r 为圆的半径。对应的 Hough 空间是三维的,其表达式为

$$(x - C_x)^2 + (y - C_y)^2 = R^2 \tag{3.79}$$

式中,C_x 和 C_y 分别为圆心的横纵坐标;R 为圆的半径。

一组 (C_x, C_y, R) 能够确定唯一的一个圆。一个圆的边上有无数多个像素点,任何一个像素点都可能位于多个圆上。首先需要找到所有经过这个像素点的圆,为每一个圆分配一个计数器,用于统计该圆经过的像素点个数。对于像素点 (C_i, C_j),根据式(3.79)计算对应的 R,每一组 (C_x, C_y, R) 对应的圆的计数器加 1。然后遍历每一个像素点,对于所有像素点对应的所有圆,若其计数器的值大于所设定的阈值 T,则说明该圆是存在的。

2. 种子填充

种子填充算法的原理非常有趣,若图像区域内的某个像素值是已知的,则将该点视为种子。以种子为原点,检验其邻域内其余像素点的某些性质是否与种子点相似。若相似,则将像素点归入种子点所在的区域,得到的新的像素点成为新的种子,继续重复上述过程,直至达到终止条件。

对于一幅数字图像 $f(x, y)$,使用一个与 $f(x, y)$ 大小相同的二维矩阵 Seed(x, y) 表示种子的位置,存在种子的位置值为 1,不存在种子的位置值为 0。种子填充流程如图 3.33 所示。

种子填充需要注意的问题有以下两点:

(1) 选取连通像素的方式有两种,分别为四连通方式和八连通方式。四连通方式规定,中心像素与其相邻的上、下、左、右四个像素是连通的;八连通方式规定,中心像素与其相邻的上、下、左、右以及左上、左下、右上、右下八个像素是连通的。

(2) 常用的计算相似性的方法有两种,第一种是对于与种子点连通且未被纳入区域的像素点,计算其与种子点灰度的差值,差值越大,该像素点越容易被纳入区域中,差值越小,该像素点越不容易被纳入区域中;第二种方法是计算平

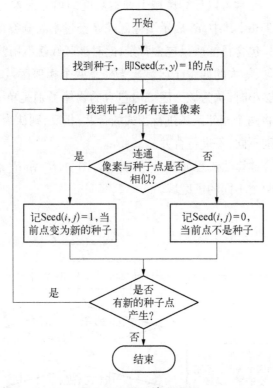

图 3.33 种子填充流程

均灰度,如式(3.80)和式(3.81)所示,若像素灰度和所有像素灰度的平均值的差不超过所设定阈值 T,则将该像素点纳入区域中。

$$m = \frac{1}{N} \sum f(x, y) \qquad (3.80)$$

$$\max | f(x, y) - m | < T \qquad (3.81)$$

3. 区域分裂与合并

区域分裂与合并是一种通过将原始图像进行不同区域的分割和相同区域的合并来完成图像分割的方法。根据前面提到的种子填充算法的基本原理,可以得知最终图像分割的结果与每一次种子点的选择和生长顺序的关系非常密切,选择的生长顺序不同,最终的分割结果就可能不同。采用区域分裂与合并方法能够很好地解决这一问题。

首先需要选取某一判断标准 P(或者属性)来判断图像中的各个区域是否需

要分裂或者合并。通常可以计算区域上像素灰度的均方误差,当均方误差足够小时,记 $P(R_i)$ = True,其中,R_i 表示图像区域 R 经过不断分裂得到的子区域,可以认为该区域内只包含目标或只包含背景,此时该区域就不用分裂,否则需要将该区域划分为均匀、等大的四个子区域。当任意两个相邻区域合并形成的大区域的均方误差足够小时,认为该大区域内包含的物体类别是单一的,记 $P(R_i \cup R_j)$ = True,可以将两个相邻区域进行正式的合并;相反,则认为这两个相邻区域内包含的物体类别不同,不进行合并。

区域分裂与合并算法流程如图 3.34 所示。图中,R_a 和 R_b 表示区域 R 经过不断分裂得到的两个不同的子区域。

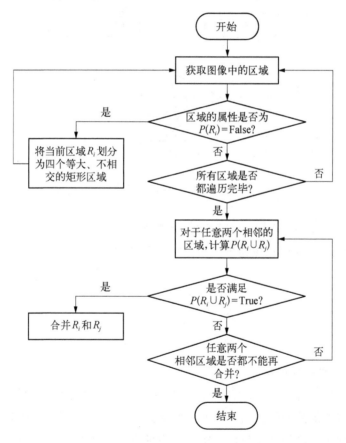

图 3.34　区域分裂与合并算法流程

4. 水域分割

水域分割算法是经典的图像分割算法之一,其原理基于地理学和数学形态学的分析。在一块包含山峰和山谷的地理区域内,如果不断地向山谷内灌水,那么山谷会逐渐变成一个集水盆。随着灌入的水越来越多,集水盆中的水会向外溢出,这会导致相邻的两个集水盆发生聚合。为了避免发生这种情况,通常需要在集水盆汇合的地方修建分水岭大坝。上述分水岭形成的过程如图3.35 所示。

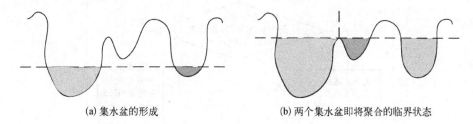

(a) 集水盆的形成　　　　　　　(b) 两个集水盆即将聚合的临界状态

图 3.35　分水岭的形成过程

水域分割正是利用这一特性构建图像的三维坐标 (x, y, z),其中,x、y 表示各个像素点的坐标,z 表示该像素点的灰度。使用灰度来类比不同的海拔,灰度越小,海拔越低;相反,灰度越大,海拔越高。灰度的局部极小值及受其影响的邻域范围构成了山谷,不同的山谷代表图像中不同的区域,而修建的分水岭就是用于区分不同图像区域的边缘的。

修建分水岭的过程需要借助膨胀操作。为了防止在第 $N-1$ 步两个集水盆距离较远而在第 N 步二者已经完全连通,需要在第 $N-1$ 步完成后对各个集水盆采用膨胀操作使得两个集水盆出现交点,直至完全覆盖第 N 步中的连通区域。连接交点即可构成分水岭。

需要特别注意的是,在实际的图像处理过程中会受到噪声的干扰,形成过多的集水盆,从而导致图像被过度分割,这就需要将集水盆进行合并。对于水位上升形成的新的集水盆,如果其周围围绕着一些深度较浅或者面积较小的区域,那么就将这些区域并入新的集水盆中;如果其周围围绕着一些深度较大的区域,那么就将新的集水盆并入平均深度最浅的区域。

假设图像 $f(x, y)$ 中像素的最小灰度为 min,最大灰度为 max,最小灰度对应的像素点坐标集合为 $p(x, y)$,则水域分割算法流程如图 3.36 所示。

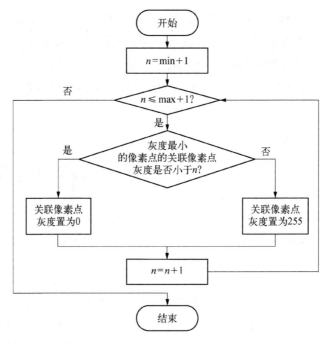

图 3.36　水域分割算法流程

3.4　小结

本章详细介绍了一系列经典的机器视觉技术。首先,3.1节介绍了视觉成像的原理和四个坐标系之间的转换。机器视觉成像的本质就是先将现实中人眼看到的三维物体投影到二维平面上形成图像,再将图像输入计算机中进行后续的处理。其次,3.2节主要介绍了数字图像的定义、采用的颜色模型以及常见的图像格式。数字图像的出现是为了便于计算机的分析、处理以及机器的识别。同时,数字图像多种多样的存储形式能够大大减少占用的存储空间。最后,3.3节主要介绍了一些经典的数字图像处理技术,包括二值化、通道变换、图像锐化、图像分割等。这些技术能够按照工业生产的需求提高数字图像的质量,如增强对比度、腐蚀与膨胀等;可以从图像中提取关键信息,如边缘检测、特征提取、图像分割等。机器视觉技术的出现能够充分提高人类对图像的观察、理解和分析的能力,无论对工业生产过程,还是对日常生活,都具有重大的意义。

第 4 章 机器学习与深度学习技术

4.1 线性模型

给定由 n 个属性描述的对象 $x = (x_1, x_2, \cdots, x_n)$，其中 x_i 是 x 在第 i 个属性上的取值，线性模型试图通过一个关于属性的线性组合函数 $f(x)$ 对输入 x 进行预测，即

$$f(x) = w_1 x_1 + w_2 x_2 + \cdots + w_n x_n + b \tag{4.1}$$

向量形式写为

$$f(x) = w^{\mathrm{T}} x + b \tag{4.2}$$

式中，w 为待学习权重，$w = (w_1, w_2, \cdots, w_n)$；$b$ 为偏移量。在 w 和 b 确定后，线性模型就唯一确定了。

线性模型是对复杂问题的抽象与简化，绝对的线性是不存在的，世界上只存在理想中的线性和近似的线性关系。线性模型本身具有很好的性质，如简洁、直接、高效等，因此在对问题进行建模的过程中，常倾向于建立一种线性模型，以便于后续的分析与推导。但在实际应用中，由于数据本身的特殊性或者实际问题的真实需求，很多模型本身不可能被建立为一种线性形式，此时施加合理的变换手段可以将部分模型转化为线性形式，此类模型称为广义线性模型。对线性的界定，一般是从相互关联的两个角度进行的，第一个角度是叠加原理成立：

$$f(x + y) = f(x) + f(y) \tag{4.3}$$

即总体等于部分之和，线性函数是可以叠加的；第二个角度是变量间的函数关系是一条直线，变化率是常数，函数的斜率在其定义域内处处存在且相等。线性模型分

为一元线性模型和多元线性模型,一元线性模型较为简单,多元线性模型较为复杂。一元线性模型和多元线性模型在实际问题中的建模都需要采用线性回归,即一元线性回归(simple linear regression)和多元线性回归(multiple linear regression)。

4.1.1 一元线性模型

在一元线性模型中,自变量 x 的变化会导致因变量 y 发生线性变化,用如下方程表示:

$$y = kx + b \tag{4.4}$$

式中,k 为直线斜率,即因变量 y 的变化率;b 为截距,即当自变量 $x = 0$ 时对应的因变量值。一元线性模型呈现的函数图像为一条直线,其变化率为 k,k 处处相等。若 k 为正,则 y 与 x 正相关;若 k 为负,则 y 与 x 负相关。在实际应用中,存在大量的这样的情况,即两个变量如 x 和 y 有一些依赖关系,由 x 可以部分决定 y 的值,但这种决定往往是不确切的[43]。

常用身高与体重来说明这种依赖关系。例如,用 x 表示某人的身高,用 y 表示他的体重,一般来说,当 x 变大时,y 也倾向于变大,但 x 不能严格地决定 y;再如,日常生活中用电量 y 与气温 x 有很大的关系,当夏天气温较高或冬天气温较低时,由于空调、风扇、冰箱等家用电器的频繁使用,用电量会迅速升高,在春季和秋季气温适中,用电量就相对减少,但不能由气温 x 十分准确地确定用电量 y。类似的实例还很多,变量之间的这种关系称为相关关系,回归模型是研究相关关系的有力工具。

4.1.2 多元线性模型

一元线性模型通常用于研究一个自变量和一个因变量的变化关系,若二者的依赖关系需要用多个自变量和一个因变量的形式来描述,则可以建立多元线性模型进行分析。多元线性模型是描述多个自变量与一个因变量之间的相关关系的模型,若这个关系是线性的,则可以使用多元线性回归模型来描述,即

$$y = \beta_0 + \beta_1 x_1 + \cdots + \beta_k x_k + \cdots + \beta_n x_n + \xi \tag{4.5}$$

式中,x_1,x_2,$\cdots$,x_n 为自变量;y 为因变量;β_0,β_1,$\cdots$,β_n 为回归系数;ξ 为随机误差项。

多元线性模型虽然不能判定因果关系,但是能够在一定程度上区分出不同变量之间的关系。首先,多元线性模型可以用于控制多个变量之间的混合关系,这种混合关系同时影响观测的多个变量,有利于在考虑相关关系时不会有遗漏;其次,多元线性模型可以矫正多重因果效应,还可以屏蔽其他因素对观测结果的影响;最后,多元线性模型能够帮助识别相互作用。例如,植物生长需要阳光和水,二者缺一不可,阳光和水之间就是相互作用。相互作用普遍存在于自然界中,在评估一个因素的作用时通常要考虑另一个因素的影响。

4.1.3　线性回归

线性回归问题试图通过学习一个线性模型尽可能准确地预测新输入样本的输出值。在大多数情况下,输入的属性值并不能直接被目标线性模型所用,需要进行相应的处理。对于拥有连续值的属性,一般可以被目标线性模型所用,但在使用之前需要根据属性具体情况进行相应的预处理,如归一化等。关于离散值属性,可进行以下数值化处理:若属性值之间存在"序关系",则可以将其转化为连续值,如体重属性可分为胖、标准、瘦三类,可转化为数值 $\{1.0, 0.5, 0.0\}$;若属性值之间互不存在"序关系",则通常将其转化为向量的形式,如性别属性分为男、女两类,可转化为二维向量 $\{(1, 0), (0, 1)\}$。不局限于只含有两类的离散属性,若是含有 k 类且互相无"序关系"的离散属性,则用 k 维向量来表示[44,45]。

输入属性只有一个的情况是最简单的情形,称为一元线性回归。利用最小二乘法(least square method)首先计算出每个样本预测值与真实值之间的误差并求和,通过最小均方差(minimum mean square error, MMSE),使用求偏导、令其为零的方式计算出拟合直线 $y = wx + b$ 的两个参数 w 和 b,计算过程如下:

$$
\begin{aligned}
(\tilde{w}, \tilde{b}) &= \underset{(w, b)}{\operatorname{argmin}} \sum_{i=1}^{m} \left[f(x_i) - y_i \right]^2 \\
&= \underset{(w, b)}{\operatorname{argmin}} \sum_{i=1}^{m} (y_i - wx_i - b)^2
\end{aligned}
\tag{4.6}
$$

令

$$
E(w, b) = \sum_{i=1}^{m} (y_i - wx_i - b)^2
\tag{4.7}
$$

对 w 和 b 分别求导,得

$$\frac{\partial E(w,\ b)}{\partial w} = 2\Big[w\sum_{i=1}^{m} x_i^2 - \sum_{i=1}^{m}(y_i - b)x_i \Big] \tag{4.8}$$

$$\frac{\partial E(w,\ b)}{\partial b} = 2\Big[mb - \sum_{i=1}^{m}(y_i - wx_i) \Big] \tag{4.9}$$

令式(4.8)和式(4.9)等于0,得

$$w = \frac{\sum_{i=1}^{m} y_i(x_i - \bar{x})}{\sum_{i=1}^{m} x_i^2 - \frac{1}{m}\big(\sum_{i=1}^{m} x_i \big)^2} \tag{4.10}$$

$$b = \frac{1}{m}\sum_{i=1}^{m}(y_i - wx_i) \tag{4.11}$$

即求得一元线性回归的 w 和 b。在模型确定后,可以利用该模型得到输入值的预测结果。

当输入属性有多个时,回归过程称为多元线性回归,假设某个对象有 n 个属性 $\{(x_1,\ x_2,\ \cdots,\ x_n),\ y\}$,则线性方程应写为

$$\begin{aligned} y_i &= w_1 x_{i1} + w_2 x_{i2} + \cdots + w_n x_{in} + b \\ &= w^{\mathrm{T}} x_i + b \end{aligned} \tag{4.12}$$

为方便计算,令

$$\widehat{w} = (w;\ b) = (w_1,\ w_2,\ \cdots,\ w_n,\ b)^{\mathrm{T}} \tag{4.13}$$

在涉及多元问题时,常使用矩阵形式来表示。本节在考虑多元线性回归时,除了将系数 w 与 b 合并成列向量 $\widehat{w}$,还将含有 m 个样本数据集的数据表示成矩阵 X,即

$$X = \begin{bmatrix} x_{11} & x_{12} & \cdots & x_{1n} & 1 \\ x_{21} & x_{22} & \cdots & x_{2n} & 1 \\ \vdots & \vdots & & \vdots & \vdots \\ x_{m1} & x_{m2} & \cdots & x_{mn} & 1 \end{bmatrix} = \begin{bmatrix} x_1^{\mathrm{T}} & 1 \\ x_2^{\mathrm{T}} & 1 \\ \vdots & \vdots \\ x_m^{\mathrm{T}} & 1 \end{bmatrix} \tag{4.14}$$

多元线性回归的计算公式可写为

$$X \cdot \widehat{w} = \begin{bmatrix} x_{11} & x_{12} & \cdots & x_{1n} & 1 \\ x_{21} & x_{22} & \cdots & x_{2n} & 1 \\ \vdots & \vdots & \vdots & \vdots & \vdots \\ x_{m1} & x_{m2} & \cdots & x_{mn} & 1 \end{bmatrix} \begin{bmatrix} w_1 \\ w_2 \\ \vdots \\ w_n \\ b \end{bmatrix}$$

$$= \begin{pmatrix} w_1 x_{11} + w_2 x_{12} + \cdots + w_n x_{1n} + b \\ w_1 x_{21} + w_2 x_{22} + \cdots + w_n x_{2n} + b \\ \vdots \\ w_1 x_{m1} + w_2 x_{m2} + \cdots + w_n x_{mn} + b \end{pmatrix} \qquad (4.15)$$

$$= \begin{pmatrix} f(x_1) \\ f(x_2) \\ \vdots \\ f(x_m) \end{pmatrix}$$

根据最小均方差损失处理得

$$\widehat{w}^* = \mathop{\arg\min}_{\widehat{w}} (y - X\widehat{w})^{\mathrm{T}} (y - X\widehat{w}) \qquad (4.16)$$

同样,令

$$E_{\widehat{w}} = (y - X\widehat{w})^{\mathrm{T}} (y - X\widehat{w}) \qquad (4.17)$$

对 $\widehat{w}$ 求导,得

$$\frac{\partial E_{\widehat{w}}}{\partial \widehat{w}} = 2X^{\mathrm{T}} (X\widehat{w} - y) \qquad (4.18)$$

令 $\dfrac{\partial E_{\widehat{w}}}{\partial \widehat{w}} = 0$, 得

$$\widehat{w}^* = (X^{\mathrm{T}}X)^{-1} X^{\mathrm{T}} y \qquad (4.19)$$

即可解得多元线性回归方程,同样可以应用于多元线性回归的实际问题中。

4.2　决策树

在机器学习中,决策树是一个预测模型,代表对象属性与对象值之间的一种

映射关系。决策树是一种树形结构,其中每个内部节点表示一种属性上的测试,每个分支代表一种测试输出,每个叶节点代表一种类别。决策树是一种十分常用的分类方法,属于有监督学习。假设给定一些样本,每个样本都有一组属性和一个类别,类别是事先确定的,通过神经网络学习这些类别及其对应的属性,可得到一个分类器,该分类器能够对新出现的对象给出正确的分类,这个过程称为有监督学习。通常使用的决策树生成算法有 ID3、C4.5 和分类与回归树(classification and regression trees, CART)等。决策树的学习过程包括三部分:① 特征选择,从训练数据的众多特征中选择一个特征作为当前节点的分裂标准,选择特征有很多不同的量化评估标准,从而衍生出不同的决策树算法;② 决策树生成,根据第一步选择的特征,从上到下递归生成子节点,直至数据集不可分时停止决策树的生长,从树结构来看,递归是最容易理解也是最方便的决策树生成方式;③ 剪枝,针对决策树生长过程中容易出现过拟合的问题,通过剪枝的方式缩减决策树规模,减少由过拟合引起的分类错误[46]。

4.2.1 特征选择

在特征选择时,应选择关键的划分特征,选择划分特征的依据具体是通过一种衡量标准,计算通过不同特征进行分支选择后的分类情况,找出在衡量标准中表现最好的特征作为根节点,以此类推。

熵是表示随机变量不确定性的度量,可以表示物体的混乱程度。常用的特征选择方法为信息增益(information gain, IG)法。设 X 是一个具有有限个值的离散随机变量,其概率分布为 p_i,则随机变量 X 的信息熵定义为

$$H(X) = - \sum_{i=1}^{n} p_i \log p_i \tag{4.20}$$

特征 A 对训练数据集 D 的信息增益 $g(D, A)$,定义为训练数据集 D 的信息熵 $H(D)$ 与特征 A 给定情况下 D 的信息熵 $H(D|A)$ 之差,公式为

$$g(D, A) = H(D) - H(D \mid A) \tag{4.21}$$

信息增益表示得知特征 X 的信息后使得类 Y 的不确定性减少的程度,即特征 X 的信息增益越大,类 Y 的不确定性越小,而信息熵是衡量信息混乱程度的量,即信息熵越大,信息的不确定性就越大。选择具有最高信息增益的特征作为划分特征,表现为计算所得的信息熵最小,利用该特征对样本进行划分,使得各子集中不同类别样本的信息混乱程度最低。在各子集中同样依据计算某特征在

样本划分时的信息熵最小,对子集再划分子集,以此类推。除了信息增益法,还有很多其他的特征选择方法,本节不再赘述。

4.2.2　决策树生成

决策树生成步骤具体如下:

(1)决策树中所有的特征均为离散值,若某个特征的值为连续值,则需要先对其进行离散化。在开始构建根节点时,将所有训练数据都放在根节点,使用特征选择选出的最优特征,将训练数据集分割成各个子集,使得分割后的子集在当前已选特征下有最合适的分类。

(2)若这些子集已经基本被正确分类,则开始构建叶节点,并将这些子集分配到所对应的叶节点中;若还有子集不能够被正确分类,则针对这些子集重复第(1)步,选择新的最优特征,继续对其进行分割,构建相应的叶节点。采用递归方法划分子集,产生叶节点,每个子集都会产生一个决策子树,直至所有节点变成叶节点。递归操作的停止条件为直至一个节点中所有的样本均为同一类别,则开始产生叶节点;没有特征可以用来对该节点的样本进行再划分,此时强制产生叶节点,样本个数最多的类别确定为该节点的类别;没有样本能满足剩余特征的所有取值,此时也强制产生叶节点,样本个数最多的类别确定为该节点的类别。

至此,每个子集都被分到叶节点上,并拥有了明确的类别信息,生成了一棵完整的决策树。决策树的优点是计算复杂度不高、原理便于理解、对中间值的缺失不敏感等,并且可以处理不相关的特征数据,缺点是可能会产生过度匹配的问题,因此需要对决策树进行剪枝。

4.2.3　剪枝

由于噪声的影响,会出现样本某些特征的取值与样本自身类别不匹配的情况,尤其体现在决策树靠近枝叶的末端。由于正确样本数量变少,噪声因素的干扰效果就会突显出来,基于这些噪声数据生成的决策树的某些枝叶会产生错误,进而造成决策树分类错误。决策树剪枝就是通过统计学的方法剪除不可靠的、疑似错误的分支,使得整个决策树的分类速度、精度和可靠性都得到提升。

剪枝分为预剪枝和后剪枝两类。预剪枝是指在决策树生成过程中,在划分前对每个节点先进行估计,若当前节点的划分不能提升决策树的分类性能,则停止划分并将当前节点标记为叶节点。后剪枝是指先从训练集生成一棵完整的决策树,然后自底向上对非叶节点进行评估,若将该节点对应的子树替换为叶节点后能带来决策树分类性能的提升,则将该子树替换为叶节点。

下面举例说明决策树的生成过程。预设三个自变量,即天气、温度、交通情况,天气分为晴、多云、雨三类,温度分为寒冷、适中、炎热三类,根据交通情况将学校所在地区(南京)划分为阻塞、拥堵和畅通三类。问题:预测学校是否可以如期举办 70 周年校庆。

预测步骤如下。

(1)假设通过某种渠道获得了某个学校 70 周年校庆按时举办或延期的计划表,如表 4.1 所示。

表 4.1 天气、温度、交通情况对 70 周年校庆是否如期举办的影响

编 号	天 气	温 度	交通情况	校 庆
1	晴	适中	阻塞	延期
2	晴	适中	拥堵	举办
3	晴	适中	畅通	举办
4	晴	炎热	阻塞	延期
5	晴	炎热	拥堵	延期
6	晴	炎热	畅通	举办
7	多云	适中	阻塞	延期
8	多云	适中	拥堵	举办
9	多云	适中	畅通	举办
10	多云	寒冷	阻塞	延期
11	多云	寒冷	拥堵	延期
12	多云	寒冷	畅通	举办
13	雨	适中	阻塞	延期
14	雨	适中	拥堵	延期
15	雨	适中	畅通	举办
16	雨	寒冷	阻塞	延期
17	雨	寒冷	拥堵	延期
18	雨	寒冷	畅通	延期

表 4.1 作为决策树讲解材料,不代表真实情况。根据表 4.1,校庆举办和延期的概率分别为 7/18、11/18,接下来计算它的信息熵,D 代表完整样本集。

$$H(D) = -\frac{7}{18}\log\frac{7}{18} - \frac{11}{18}\log\frac{11}{18} \approx 0.290$$

（2）表 4.1 中记录了当天预计的天气情况,校庆举办与否的 18 条记录中,6 条关于晴天（3 条举办、3 条延期）、6 条关于多云天（3 条举办、3 条延期）、6 条关于雨天（1 条举办、5 条延期）,相对应的晴天、多云天、雨天的信息熵为

$$H(D \mid 晴天) = -\frac{1}{2}\log\frac{1}{2} - \frac{1}{2}\log\frac{1}{2} \approx 0.301$$

$$H(D \mid 多云天) = -\frac{1}{2}\log\frac{1}{2} - \frac{1}{2}\log\frac{1}{2} \approx 0.301$$

$$H(D \mid 雨天) = -\frac{1}{6}\log\frac{1}{6} - \frac{5}{6}\log\frac{5}{6} \approx 0.196$$

（3）表 4.1 中记录了当天预计的温度情况,校庆举办与否的 18 条记录中,9 条关于适中温度（5 条举办、4 条延期）、3 条关于炎热（1 条举办、2 条延期）、6 条关于寒冷（1 条举办、5 条延期）,相对应的适中、炎热、寒冷的信息熵为

$$H(D \mid 适中) = -\frac{5}{9}\log\frac{5}{9} - \frac{4}{9}\log\frac{4}{9} \approx 0.298$$

$$H(D \mid 炎热) = -\frac{1}{3}\log\frac{1}{3} - \frac{2}{3}\log\frac{2}{3} \approx 0.276$$

$$H(D \mid 寒冷) = -\frac{1}{6}\log\frac{1}{6} - \frac{5}{6}\log\frac{5}{6} \approx 0.196$$

（4）表 4.1 中记录了当天预计的交通情况,校庆举办与否的 18 条记录中,6 条关于阻塞（0 条举办、6 条延期）、6 条关于拥堵（2 条举办、4 条延期）、6 条关于畅通（5 条举办、1 条延期）,相对应的阻塞、拥堵、畅通的信息熵为

$$H(D \mid 阻塞) = -\log\frac{6}{6} = 0$$

$$H(D \mid 拥堵) = -\frac{2}{6}\log\frac{2}{6} - \frac{4}{6}\log\frac{4}{6} \approx 0.276$$

$$H(D \mid 畅通) = -\frac{5}{6}\log\frac{5}{6} - \frac{1}{6}\log\frac{1}{6} \approx 0.196$$

（5）计算信息增益：

$$g(D,天气) = H(D) - H(D \mid 天气)$$

$$\approx 0.290 - \left(\frac{6}{18} \times 0.301 + \frac{6}{18} \times 0.301 + \frac{6}{18} \times 0.196 \right)$$

$$\approx 0.024$$

$$g(D,温度) = H(D) - H(D \mid 温度)$$

$$\approx 0.290 - \left(\frac{9}{18} \times 0.298 + \frac{3}{18} \times 0.276 + \frac{6}{18} \times 0.196 \right)$$

$$\approx 0.030$$

$$g(D,交通情况) = H(D) - H(D \mid 交通情况)$$

$$\approx 0.290 - \left(\frac{6}{18} \times 0 + \frac{6}{18} \times 0.276 + \frac{6}{18} \times 0.196 \right)$$

$$\approx 0.133$$

（6）由上述增益效果易得，交通情况的信息增益最大，将其选为划分属性，划分后的结果如图 4.1 所示。

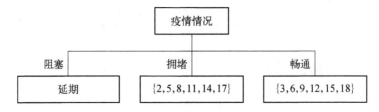

图 4.1　基于疫情情况属性对根节点划分

（7）选取信息增益最大的属性交通情况作为根节点，已经产生一个叶节点，对划分后的其余子集重复上述步骤。例如，子集 D_1 中包含样本{2, 5, 8, 11, 14, 17}，如表 4.2 所示。剩余可划分属性包括天气和温度。

表 4.2　D_1 样本记录

编　号	天　气	温　度	校　庆
2	晴	适中	举办
5	晴	炎热	延期

续　表

编　号	天　气	温　度	校　庆
8	多云	适中	举办
11	多云	寒冷	延期
14	雨	适中	延期
17	雨	寒冷	延期

基于 D_1 计算出的剩余属性的信息增益为

$$H(D_1) = -\frac{2}{6}\log\frac{2}{6} - \frac{4}{6}\log\frac{4}{6} \approx 0.276$$

$$H(D_1 \mid 晴天) = -\frac{1}{2}\log\frac{1}{2} - \frac{1}{2}\log\frac{1}{2} \approx 0.301$$

$$H(D_1 \mid 多云天) = -\frac{1}{2}\log\frac{1}{2} - \frac{1}{2}\log\frac{1}{2} \approx 0.301$$

$$H(D_1 \mid 雨天) = -\log\frac{2}{2} = 0$$

$$H(D_1 \mid 适中) = -\frac{2}{3}\log\frac{2}{3} - \frac{1}{3}\log\frac{1}{3} \approx 0.276$$

$$H(D_1 \mid 炎热) = -\log\frac{3}{3} = 0$$

$$H(D_1 \mid 寒冷) = -\log\frac{3}{3} = 0$$

$$g(D_1, 天气) = H(D_1) - H(D_1 \mid 天气)$$

$$\approx 0.276 - \left(\frac{2}{6} \times 0.301 + \frac{2}{6} \times 0.301 + \frac{2}{6} \times 0\right)$$

$$\approx 0.069$$

$$g(D_1, 温度) = H(D_1) - H(D_1 \mid 温度)$$

$$\approx 0.276 - \left(\frac{3}{6} \times 0.276 + \frac{1}{6} \times 0 + \frac{2}{6} \times 0\right)$$

$$= 0.138$$

因此, D_1 选择温度作为划分属性,同样 $D_2 = \{3, 6, 9, 12, 15, 18\}$ 经过信息

增益计算得到

$$g(D_2, 天气) = H(D_2) - H(D_2 \mid 天气) \approx -0.0366$$

$$g(D_2, 温度) = H(D_2) - H(D_2 \mid 温度) \approx -0.0366$$

天气、温度属性在 D_2 子集中取得了相同的信息增益,可选其中任意一个作为划分属性,最终生成的决策树如图 4.2 所示。

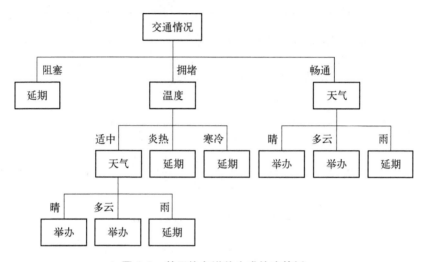

图 4.2　基于信息增益生成的决策树

4.3　神经网络

作为一门学科,生物学中的神经网络主要研究大脑神经系统的结构、功能及其工作机制,意在探索人类思维、运动、感知外部世界等生命活动的规律。人工神经网络是生物神经网络简化后的形式,其主要是结合生物神经系统的运作原理和实际应用的需求,构建专有的人工神经网络模型,设计相应的神经网络算法,用机器模拟人脑的智能活动,代替人工解决实际问题;用机器完成具有危险性、工作强度高、对人类身体造成不可逆损伤的生产加工任务,进而帮助人类减轻工作压力、规避高危险性工作,以提高生产车间的安全性。人工神经网络是一种通过模仿动物神经网络的行为特征,对信息进行分布式并行处理的算法模型。这种模型依靠复杂的模拟神经系统,通过神经元模型协调各信息之间的流通和传递[47]。

4.3.1　神经元模型

神经元,又称神经细胞,是构成神经系统结构和功能的基本单位。神经元是具有长突起的细胞,由细胞体和细胞突起构成。细胞体位于脑、脊髓和神经节中,是神经元的代谢和营养中心。细胞突起可延伸至全身各器官和组织中,包括树突和轴突两种结构,一个神经元通常具有多个树突,用于接收其他神经元传递的信号,轴突只有一条,轴突尾端的许多轴突末梢用于给其他神经元传递信息。神经元最主要的两个特性是兴奋性和传导性。兴奋性是指神经元具有一种特异功能,当外界刺激强度达到某一阈值时,神经冲动发生,产生兴奋信号。传导性是指每个神经元的树突与上一个神经元的轴突末梢产生连接,接收上一个神经元的信号并将兴奋传入细胞体,连接的位置在生物学中称为突触。信号在多个神经元之间传导,神经元之间错综复杂的连接构成了神经网络,用于对外界刺激做出响应。

借鉴神经元这一生物结构,McCulloch 和 Pitts 于 1943 年提出了人工神经元模型,即 M-P 神经元模型,其结构示意图如图 4.3 所示。

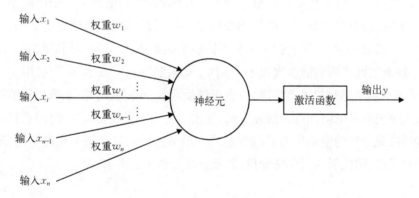

图 4.3　M-P 神经元模型结构示意图

图 4.3 中,神经元接收来自其他神经细胞的输入 x_i,这些输入通过连接权重 w_i 传递到本神经元,本神经元接收的总输入值与已确定的神经元阈值进行比对,再经过激活函数,最终产生神经元输出 y。

4.3.2　单层感知机

在感知机中,有两个层次,分别为输入层和输出层。输入层的输入单元只负责传输数据,不进行计算。输出层的输出单元则需要对前一层的输入进行计算。本节将需要计算的层称为计算层,并将拥有一个计算层的网络称为单层感知机,其示意图如图 4.4

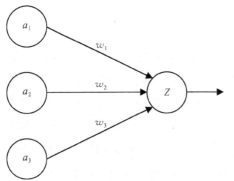

图 4.4　单层感知机示意图

所示。一些文献中按照网络拥有的层数对网络进行命名,如将单层感知机称为两层神经网络,本节根据计算层的数量来命名。

在上述单层感知机中,计算层只有一个,Z 的计算公式为

$$Z = G(w_1 a_1 + w_2 a_2 + w_3 a_3)$$

$$(4.22)$$

式中,a_1、a_2、a_3 均为输入数据;w_1、w_2、w_3 均为单层感知机中学习到的权重;G 为激活函数;Z 为单层感知机的输出。与神经元模型不同,感知机中的权值是通过训练得到的。综上,感知机类似一个逻辑回归模型,可以进行线性分类任务。

4.3.3　两层感知机

两层感知机除了包括一个输入层和一个输出层,还增加了一个中间层。中间层和输出层都是计算层。两层感知机是在单层感知机的基础上扩展的,计算过程中权值分为两层,用上标来区分不同层次的变量,中间层所用的权重表示为 $w_{i,j}^{(1)}$,输出层计算用到的权重表示为 $w_{i,j}^{(2)}$,输入层用 $a_k^{(1)}$ 表示,中间层用 $a_k^{(2)}$ 表示,Z 表示两层感知机输出结果,G 表示激活函数。与门、与非门、或门等能够由直线做决策分界的空间称为线性空间;异或门无法用直线完成决策分割,只能由曲线做决策分界的空间称为非线性空间。单层感知机只适用于线性空间,不能表示异或门,因此引入两层感知机,其示意图如图 4.5 所示。

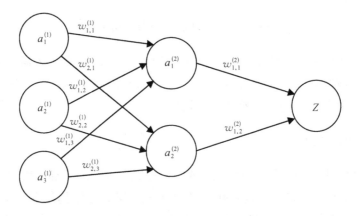

图 4.5　两层感知机示意图

两层感知机包括两个计算层,计算分两步完成。

（1）中间层计算:

$$a_1^{(2)} = G(w_{1,1}^{(1)} a_1^{(1)} + w_{1,2}^{(1)} a_2^{(1)} + w_{1,3}^{(1)} a_3^{(1)}) \qquad (4.23)$$

$$a_2^{(2)} = G(w_{2,1}^{(1)} a_1^{(1)} + w_{2,2}^{(1)} a_2^{(1)} + w_{2,3}^{(1)} a_3^{(1)}) \qquad (4.24)$$

（2）输出层计算:

$$Z = G(w_{1,1}^{(2)} a_1^{(2)} + w_{1,2}^{(2)} a_2^{(2)}) \qquad (4.25)$$

4.3.4　多层感知机

本节延续两层感知机的设计思路来设计一个多层感知机,原有的输出层变成中间层,新加的层次成为中间层(隐藏层)或新的输出层,多层感知机示意图(以4层为例,其他以此类推)如图4.6所示。依照这样的方式进行添加,可以得到无数个形状各异的多层感知机。多层感知机的公式推导与两层感知机类似,计算量和连接复杂度逐层增加。多层感知机的最终输出是按照层层递进的方式来计算的,从输入层开始,计算得到第一个隐藏层的加权值后,再计算第二层,以此类推,直至输出层计算完毕。只有当前所在层所有节点的值计算完毕之后,才可计算下一层,当前层节点值的计算基于上一层的节点值,计算不断向前推进,

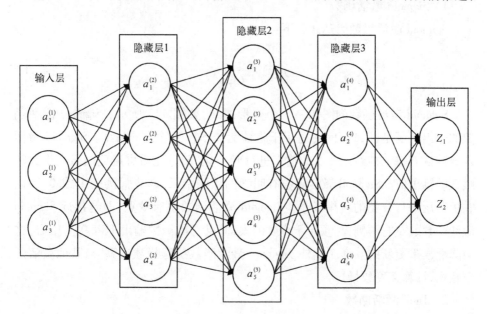

图4.6　多层感知机示意图

这个过程称为正向传播。与两层感知机不同,多层感知机层数增加之后,能够提升网络的表征能力,表现出更强的分类性能。

在神经网络中,每一层神经元节点学习到的特征是前一层神经元节点更抽象的特征表示。例如,初始输入是一张图片,隐藏层 1 学习到图片"边缘"特征,隐藏层 2 学习到图片"边缘"特征下目标对象的"形状"特征,隐藏层 3 学习到由"形状"特征组成的目标对象的"纹理"特征,最后输出层学习到由"纹理"特征组成的目标分类特征。多层感知机通过提取更抽象的特征来对对象进行区分,从而获得更好的分类能力。同时由于网络层数的递增,网络的参数和复杂度也急剧增加,这意味着可能需要更大容量和算力的图像处理单元来拟合对象属性和类别的对应关系。

4.3.5　激活函数

激活函数是卷积神经网络中常见的函数,旨在帮助网络学习数据集中的复杂特征,为神经网络引入非线性因子。类似于人类大脑工作时神经元"突起"的作用,在卷积神经网络中,某节点的激活函数决定了该节点在给定输入或输入集合下的输出方向和内容。本书中激活函数以数学方程式的形式出现,下面介绍深度学习中几种常见的激活函数及其优缺点。

1) Sigmoid 激活函数

Sigmoid 激活函数表达式如下:

$$f(x) = \frac{1}{1 + e^{-x}} \tag{4.26}$$

Sigmoid 激活函数的图像是一个 S 形曲线,如图 4.7 所示。Sigmoid 激活函数的输出范围是 $(0,1)$,因此适用于将预测概率作为输出的模型。Sigmoid 激活函数默认对每个神经元节点的输出进行归一化,归一化后可避免网络产生大幅跳跃的输出值。Sigmoid 激活函数有明确的预测结果,即非常接近 1 或 0,因此它更适用于二分类的应用场景。Sigmoid 激活函数也有缺点,即越接近 Sigmoid 激活函数的左右两侧,越倾向于梯度消失,而且它的函数输出不以 0 为中心,这会降低权重更新的效率。此外,Sigmoid 激活函数执行指数运算,与其他激活函数相比,计算速度较慢。

2) Tanh 激活函数

Tanh 激活函数表达式如下:

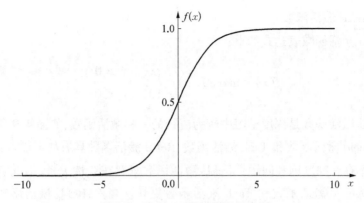

图 4.7　Sigmoid 激活函数示意图

$$f(x) = \frac{1 - e^{-2x}}{1 + e^{-2x}} \tag{4.27}$$

　　Tanh 激活函数是一个双曲正切函数,如图 4.8 所示。其与 Sigmoid 激活函数曲线形状相似,但是与 Sigmoid 激活函数相比,Tanh 激活函数有如下优势: Tanh 激活函数输出以 0 为中心,从输出对称性来看,优于 Sigmoid 激活函数。在 Tanh 激活函数图像中,负输入经过激活函数后仍输出为负值,正输入经过激活函数后输出为正值,零输入激活函数后被映射为零,这说明激活操作不会改变数据的性质。Tanh 激活函数和 Sigmoid 激活函数适用于二分类结果,在常见的二元分类问题中,Tanh 激活函数用于隐藏层,而 Sigmoid 激活函数用于输出层,但这并不是固定的,需要根据特定问题进行调整。当然,Tanh 激活函数与 Sigmoid 激活函数有同样的缺点,即在输入较大或较小时,输出越来越平滑并且梯度较小,这不利于权重更新。

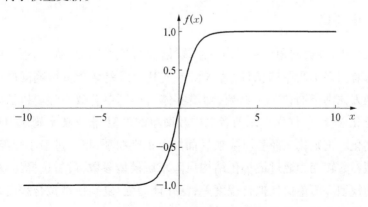

图 4.8　Tanh 激活函数示意图

3) ReLU 激活函数

ReLU 激活函数表达式如下:

$$f(x) = \max(0, x) = \begin{cases} x, & x \geqslant 0 \\ 0, & x < 0 \end{cases} \tag{4.28}$$

ReLU 激活函数是深度学习中较为流行的一种激活函数,如图4.9所示。相比于 Sigmoid 激活函数和 Tanh 激活函数,ReLU 激活函数具有如下优点:当输入为正时,不存在梯度饱和问题。ReLU 激活函数只存在线性关系,因此它的计算速度比 Sigmoid 激活函数和 Tanh 激活函数更快。当然,ReLU 激活函数也有缺点,即当输入为负时,ReLU 激活函数完全失效。在正向传播过程中,特征提取可以正常进行;但是在反向传播过程中,若输入负数,则梯度将完全为零。另外,ReLU 激活函数的输出为 0 或正数,这意味着 ReLU 激活函数不是以 0 为中心的函数。

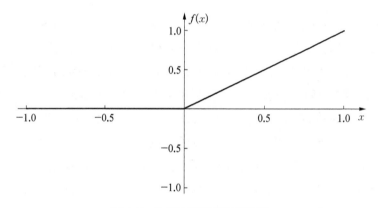

图 4.9　ReLU 激活函数示意图

4.3.6　正则化

在数学中,某类问题通常是由一组线性代数方程定义的,而且这组线性代数方程通常有很多不适用的条件,舍入误差或其他误差会严重影响问题的结果。奥卡姆剃刀原则指明,"如无必要,勿增实体",即简单有效原理。机器学习中,在相同泛化误差下,优先选用两者之中较简单的模型,根据奥卡姆剃刀原则,提出了正则化。正则化在经验风险项后面加上正则罚项,将通过最小化经验风险求解模型参数转变为通过最小化结构风险求解模型参数,最后选择经验风险小且简单的模型。简单模型拟合程度差,泛化能力强;复杂模型拟合程度好,泛化能力弱。正则化调整模型复杂度,使得泛化误差最小。

正则化在最小化经验误差函数上加约束,这样的约束可以解释为先验知识。约束有引导作用,在优化误差函数时更倾向于选择满足约束的、梯度减少的方向,使最终解倾向于符合先验知识。同时,正则化解决了逆问题的不适定性,使产生的解是存在的、唯一的同时也依赖于数据,噪声对不适定性的影响就会减弱。若正则化合适,则结果倾向于符合真解,即使训练集中相关样本数很少,也不存在过拟合现象。正则化广泛应用于深度学习和神经网络中,它可以改善过拟合,降低结构风险,提高模型的泛化能力,下面介绍常见的正则化方法。

常见的正则化方法有 L1 正则化、L2 正则化和 Dropout 正则化等。Dropout正则化是目前常用的一类正则化方法,在每个不同批次的训练时,每个神经元节点都会以概率 p 的方式继续向下传递数据,加入 Dropout 正则化后,在概率意义上随机删除神经网络中的节点。该做法是通过掩码来关闭一些神经元,在反向传播时同样根据掩码计算导数和更新参数。这样经过不同的训练批次,极大地改变了神经网络的结构,如图 4.10 所示。逻辑上可以将 Dropout 正则化理解为同时训练了多个异构神经网络,然后将它们综合为一个模型,从而减小过拟合和样本噪声对训练模型的影响。

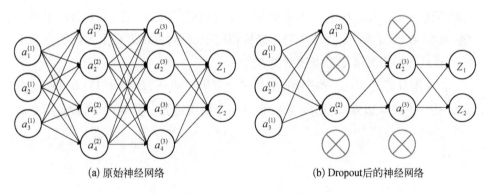

(a) 原始神经网络　　　　　(b) Dropout后的神经网络

图 4.10　Dropout 正则化

4.3.7　正向传播与反向传播

正向传播是指按照输入层到输出层的顺序,依次计算并存储神经网络的中间变量。反向传播是指按照输出层到输入层的顺序,依次计算并存储神经网络的中间变量和参数的梯度。在训练深度学习模型时,正向传播和反向传播相互依赖。一方面,正向传播的计算依赖于模型参数的当前值,而这些模型参数是反向传播时的梯度;另一方面,反向传播在进行梯度计算时依赖的参数值是通过正向传播计算得到的。深层网络由许多线性层和非线性层堆叠而成,每一个非线性层都可以视为一个非线性函数 $f(x)$,因此整个深层网络可看成一个复合的非线性多元函数。深度学习的最终目的是希望这个非线性函数能够很好地完成输入到输出的映射,即使损失函数取得极小值最终演变成一个寻找函数最小值的问题。在数学领域,可以使用梯度下降法来解决上述问题。在深层网络中,一般先对最外层进行求导,然后向前一层继续求导,逐层向内,直至最里一层的求导结束,最后将每一层的求导结果相乘。神经网络中,在参数初始化完成后,交替进行正向传播和反向传播。

4.4　支持向量机

　　利用支持向量机的思路既可以解决分类问题,也可以解决回归问题。本节先介绍支持向量机的原理。一个二维的特征平面,所有的样本点分成两类,逻辑回归过程就是在该平面中找到一个决策边界,若数据位于决策边界的一侧,则算法就将这些数据认定为某一类;若数据位于决策边界的另一侧,就认为属于另一类。如图 4.11(a)所示,直线 L 是一条模拟决策边界,直线 L 右上方的圆点表示类 A,直线 L 左下方的矩形点表示类 B。

　　在决策分界时存在一些问题,如决策边界并不唯一,如图 4.11(b)所示,直线 L_1 是一个决策边界,同样直线 L_2 也是一个决策边界。针对这个问题,用专业

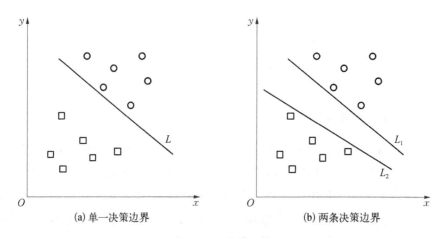

(a) 单一决策边界　　　　　　　(b) 两条决策边界

图 4.11　决策边界

术语描述为不适定问题。在逻辑回归算法中,对于不适定问题的解决思路是:首先定义一个概率函数(如 Sigmoid 激活函数);然后根据这个概率函数进行建模,得到一个损失函数;最后最小化该损失函数,从而求出一条决策边界。在求解过程中,损失函数绝大部分是由训练数据集所决定的。根据训练数据集中不同类型数据的分类特征,决策边界可以较好地将数据分为两部分。在利用算法求出决策边界之后,需要判断这个决策边界对于样本是否为一个优质边界,以及能否较好地得到未知数据的正确分类结果。

如图 4.12(a)所示,假设有一个未知样本点 p,按照目前决策分界和 p 点所处位置,将其划分为 B 类,但是由图可以直观地看到将 p 划分为 A 类是更加合理的。换句话说,当前算法求出的决策边界的泛化效果较差,该决策边界与圆点距离太近,这就导致很多其他距离圆点较近的点(更偏向于属于 A 类的点)被误分在决策边界的另一侧。优质决策边界如图 4.12(b)所示,这条直线的特点就是使得距离这条直线最近的那些点距离这条直线尽可能远。具体地,就是要求决策边界不仅距离这些圆点和矩形点尽可能远,同时还能很好地划分圆点和矩形点。

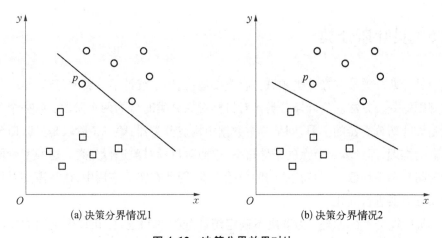

(a) 决策分界情况1　　　　　　　　　(b) 决策分界情况2

图 4.12　决策分界效果对比

算法要找到一条决策边界,这条决策边界不仅应距离所有分类样本尽可能远,还应可以很好地划分样本,通过直观观察,这样的决策边界划分效果是最好的。在上述实例中,有四个点距离决策边界最近,根据这些数据点又定义了两条直线,这两条直线与决策边界是平行的,并且定义了两个区域,在这两条直线之间将不再有任何数据点。如图 4.13 所示,SVM 最终得到的决策边界就是中间的那条线,将其作为最优决策边界,最优决策边界距离两个类别最近的样本最远,这些样本点称为支持向量。

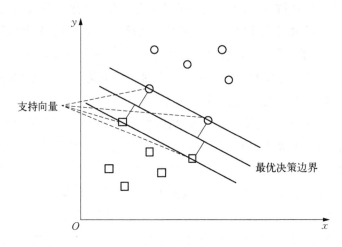

图 4.13　SVM 选出最优决策边界

4.5　贝叶斯分类

贝叶斯分类技术在分类领域占有重要地位,属于统计学分类的范畴,是一种非规则的分类方法。贝叶斯分类器对目标对象分类时分为两个阶段:第一个阶段是贝叶斯分类器的学习,即从样本数据中构造分类器;第二个阶段是贝叶斯分类器的推理,即计算类节点的条件概率,进而对目标对象进行分类。这两个阶段的时间复杂性均取决于特征值间的依赖程度,因此在实际应用中,往往需要对贝叶斯分类器进行简化。

贝叶斯分类的原理:为解决不确定统计分类的问题,已知每个类别的样本取得不同特征向量的概率,实现依据某个待识别样本的特征向量计算该样本属于每一个类别的概率。对应关系如下:

$$P(w_i \mid x) = \frac{P(x \mid w_i)P(w_i)}{P(x)} = \frac{P(x \mid w_i)P(w_i)}{\sum_{j=1}^{c} P(x \mid w_j)P(w_j)} \quad (4.29)$$

式中,$P(x)$ 为全概率,表示整个样本集取得某一特征的概率;$P(w_i)$ 为先验概率,表示整个样本中某类样本出现的概率;$P(x \mid w_i)$ 为类条件概率,表示每个类中样本取得某个具体特征向量的概率;$P(w_i \mid x)$ 为后验概率,表示样本集中样本取得某一具体特征时属于某一类的概率;$\sum_{j=1}^{c} P(x \mid w_j) P(w_j)$ 为全概率计算公式,是每个类中样本取得某个具体特征向量的概率和整个类中某类样本出现的概率相乘后求和。

分类决策规则:根据计算得到的后验概率对样本进行分类。如上所述,贝叶斯分类是从结果出发找原因,因此在训练过程中先验概率和类条件概率必须已知。当先验概率未知时,可以先令其概率相等,或将某一类属性在样本集中的出现频率作为先验概率,再用新获得的信息对先验概率进行修正;当类条件概率未知时,往往需要从数据统计中估计。因为贝叶斯分类是概率分类,所以分类决策存在错误率。

常见的贝叶斯分类器有朴素贝叶斯分类器和半朴素贝叶斯分类器。朴素贝叶斯分类器针对的是类条件概率未知的情况,可以根据某类样本在各个维度上的特征值来估计概率分布的情况,该概率分布为各个维度上的联合概率分布,朴素贝叶斯分类器就是假设各个维度完全独立地对分类结果产生影响。但是在实际场景中,样本特征往往无法满足独立条件,这种情况可以考虑采用特征分组的方法,适当考虑一部分属性间的相互依赖信息,每组包含少量相关特征,以保证各组之间相对独立,从而不需要进行完全联合概率计算,也不至于忽略比较强的属性依赖。基于这种思想,衍生出了半朴素贝叶斯分类器。通过对比分析发现,朴素贝叶斯分类算法的分类效果优于神经网络分类算法和判定树分类算法,特别是当需要分类的数据量巨大时,贝叶斯分类算法相较于其他分类算法具有更高的准确率。

4.6 聚类

聚类(clustering)是一种典型的"无监督学习",是将物理对象或抽象对象的集合分组为由彼此类似的对象组成的多个类的分析过程。聚类不是机器学习的特有行为,恰恰相反,聚类来源于人类自身。目前存在的机器学习算法或思想都来源于人类的思考方式,把工作交给机器代劳,使机器成为肢体和劳动力的延伸,并非让机器代替人们创造或思考,这个过程称为机器学习。

常见的聚类算法有 k - means 算法,k - means 算法中的 k 代表类簇个数,means 代表类簇内数据对象的均值,因此 k - means 算法又称为 k 均值算法。k - means 算法是一种基于划分的聚类算法,以距离作为数据对象间相似性度量的标准。数据对象间的距离越小,它们的相似性越高,属于同一个类簇的可能性越高。数据对象间的距离计算方法有很多种,k - means 算法通常采用欧氏距离公式来计算数据对象间的距离,计算公式如下:

$$D = \sqrt{(x_1 - y_1)^2 + (x_2 - y_2)^2} \tag{4.30}$$

k - means 算法步骤如下:

(1)初始化 k 个类簇中心;

(2)计算各个数据对象到聚类中心的距离,将数据对象划分至距离其最近的聚类中心所在类簇中;

(3)根据所得类簇,更新类簇中心;

(4)计算各个数据对象到聚类中心的距离,同时将数据对象划分至距离其最近的聚类中心所在类簇中;

(5)根据所得类簇,继续更新类簇中心,重复步骤(1)~(4),直至达到最大迭代次数,或者两次迭代结果的差值小于某一阈值,迭代终止,得到最终的聚类结果。

4.7 深度学习

深度学习发展至今,已经过将近 80 年的岁月洗礼。1943 年,神经学家 McCulloch 和数学家 Pitts 首次提出了"人工神经网络"这一概念,并使用数学模型对其进行建模,即著名的"M - P 神经元模型",启发人类对人工神经网络的研究。1957 年,美国学者 Frank Rosenblatt 发明了感知机,感知机成为出现最早、结构最简单的人工神经网络实体模型。1998 年,LeCun 等提出了 LeNet,成为卷积神经网络的开山之作,自此卷积神经网络正式进入了人们的视野。2012 年,Alex Krizhevsky 与 Geoffrey Hinton 提出的 AlexNet 夺得 ILSVRC 分类任务冠军,从此正式拉开了卷积神经网络在图像领域的辉煌序幕。2015 年,Faster R - CNN 成为 two-stage(二阶段)检测网络的典型代表,检测精度一度领先于其他传统检测方法。随后,神经网络轻量化逐渐引起了研究者的关注,one-stage(一阶段)网络开始大量出现,凭借其轻量化、推理速度快等优点大量应用于目标检测领域,常见的轻量化神经网络有 SSD、YOLO 系列、EfficientDet 等。

　　深度学习是机器学习的一类方法,帮助计算机筛选输入的信息,对已有特征进行分类和回归,结果可通过图片、文字或声音的方式呈现。深度学习强调从连续的层中进行学习,经过这些层的处理可以得到更有意义的特征,又称为高语义特征。将深度学习过程看成多级信息蒸馏操作,特征图经过连续层的层层过滤之后,信息纯度得以提高,同时更有利于执行各类任务。

　　深度学习的基本原理与统计学相关,最关键的因素是图像数据。首先收集数据,分析待检测目标特征。其次,根据分析结果设计神经网络,将数据集注入网络开始训练。训练时神经网络的权重为随机赋值,因此预测值与实际值可能差距较大,表现为 loss(损失值)较高。为了降低 loss,利用反向传播算法微调神经网络各层参数,改进模型,使模型趋于收敛。重复上述步骤,直至整个网络的loss 达到最小,即模型收敛。在深度学习过程中,模型精度不断提升。

　　如今,深度学习已经在人脸识别、语音助手、自然语言处理、智能交通、工业检测等方面获得广泛的应用。人工智能的发展如火如荼,但是目前的深度学习算法在面对复杂或者容易混淆的场景时,仍然可能出现难以执行任务的情况。但这是事物发展的必经之路,虽然目前深度学习方法需要大量的数据和计算才能完成一个普通人能轻易完成的任务,但深度学习方法最大的优势在于并行与推广。待深度学习技术成熟之后,可以将人们烦琐的工作交由机器来做,几乎没有任何的推广成本,这是深度学习的价值所在。例如,火车刚发明出来时,有人嘲笑它又笨又重,速度还没有马快,但在火车大规模推广之后,很快就替代了马车,成为新的交通工具。人工智能也是如此,我们有理由相信它的潜能会在未来某一天被更深层次发掘,成为更有用的工具。

4.8　小结

　　深度学习已广泛应用于图像分类、目标检测、语义分割、视频解析、图片生成、自然语言处理、强化学习等方面。本章属于深度学习的基础知识部分,主要介绍了线性模型、决策树、神经网络、支持向量机、贝叶斯分类、聚类、深度学习等内容。在对这些基础概念有了详细的了解之后,就可以正式开始深度学习之旅了。

第5章 钢铁领域机器视觉技术的典型应用

钢铁行业是以从事黑色金属矿物采选和黑色金属冶炼加工等工业生产活动为主的工业行业,包括金属铁、铬、锰等的矿物采选业、炼铁业、炼钢业、钢加工业、铁合金冶炼业、钢丝及其制品业等细分行业,是国家重要的原材料工业之一。钢铁行业作为我国国民经济发展的支柱产业,涉及面广,产业关联度高,向上可以延伸至铁矿石、焦炭、有色金属等行业,向下可以延伸至房地产、汽车、船舶、家电、机械、铁路等行业。近年来,钢铁行业在上游原料供应充足及下游需求持续增长的带动下迅速发展,其产品的产量也随之逐年增加。

与钢铁产业发展相对应的是,其生产与检测技术的提升。随着机器视觉理论的发展,基于机器视觉的技术在钢铁领域有了不同程度的实践,主要包括原材料筛选、钢体质量检测、钢产品缺陷检测、生产流程监测等方面。本章着重介绍机器视觉技术在钢铁领域的两个典型应用,即废钢智能判级以及发动机缸体铸件表面缺陷检测。

5.1 废钢智能判级

我国是目前世界上最大的钢铁生产国,粗钢的产量占据全球产量的50%以上。在如此大的生产量背后,是大量资源和能源的投入。钢铁工业生产主要包括长流程和短流程两类作业方式。具体地,长流程作业是指以铁矿石为原料,加以焦炭、石灰石等在高炉中炼出铁水,再转炼成钢水,最终经过连铸浇成钢坯并成材,该流程能耗高且碳排放量大;而短流程作业直接以废钢为原材料进行熔化和精炼,跳过矿石冶炼的部分,大大降低了能耗和碳排放量。目前,钢铁工业生产 90% 依赖于长流程作业,即以铁矿石为原料,逐步冶炼成钢材,该作业方式能耗与碳排放量都非常高。经估算,在 2017 年我国重点钢厂的碳排放量占据全国碳排放总量的 13.5%。因此,为了节约能源,减少资源消耗和碳排放量,应逐步减少长流程作业,大力发展短流程作业,这是我国钢铁工业未来的发展重心。根据冶金工业信息标准研究显示,用废钢生产 1 t 的钢铁与用原铁矿生产 1 t 的钢铁相比,可节约铁矿石 1.6 t 左右,可减少使用标准煤约 0.35 t,减少二氧化碳排放量约 1.6 t,减少固体废弃物排放量约 3 t[48]。

废钢是废钢和废铁的统称,主要是指冶钢厂及其下游企业在生产过程中产生的如切角、切边等钢铁废料以及报废的设备、部件中钢铁制材料。废钢作为一种载能资源和环保资源,是钢铁生产短流程作业的主要原材料,能在理论上使钢铁循环利用率达到 100%。一般来说,钢铁材料的回收期在 8~30 年。在我国,随着国民经济的发展以及国家环保政策的日益趋严,废钢回收再利用的规模逐年扩大。以 2012~2013 年为例,我国的废钢回收量从 8 400 万 t 增加到 15 080 万 t,增长率高达 79.5%。到 2020 年,我国废钢使用量已达 22 030 万 t[49]。预计到 21 世纪中叶,我国会出现大量的废钢堆积。因此,亟须发展我国的废钢资源再利用产业。

废钢质量等级评估是废钢资源回收流程中的一个重要环节。目前,在我国钢铁工业中,对于废钢质量等级的判定主要依靠人工目视检测,废钢回收现场的检测人员根据自身经验给出各自的等级预估,再经过商讨给出最终的等级判定。该方法极其依赖于检测人员的主观性,这使得等级判定的标准难以执行。基于机器视觉技术的废钢质量等级智能化判定方法能够有效降低人工主观性对废钢回收结果的干扰,可以提升废钢等级判定的准确性和可靠性,保证废钢资源再利用产业的绿色健康发展。

综上,本节主要介绍基于机器视觉技术的废钢智能判级系统的一个典型应用场景和方案。

5.1.1 废钢智能判级系统的硬件组成

基于机器视觉技术的废钢智能判级系统主要包括硬件设施及其对应的软件算法两大部分。整个废钢智能判级系统的详细逻辑流程示意图如图 5.1 所示。其中,核心部分为以废钢车厢抓取图像为输入的智能判级系统,该系统可以自动地对废钢进行等级判定,消除传统废钢行业人工检测的弊端,且判定结果能够达

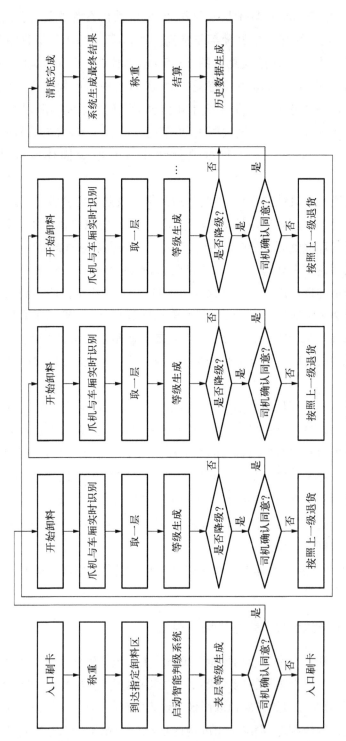

图 5.1 废钢智能判级系统的详细逻辑流程示意图

到工业标准。

对于废钢智能判级系统的硬件设备,废钢智能判级技术理论应用现场示意图如图 5.2 所示。图中,数字标号表示整个废钢检测流程中作为技术使用方的车辆详细行进顺序。

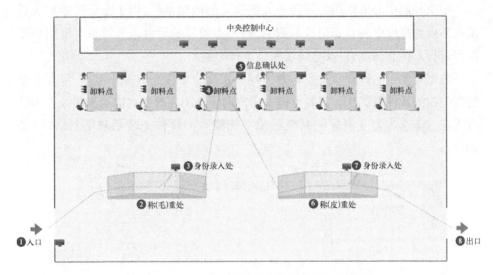

图 5.2　废钢智能判级技术理论应用现场示意图

具体地,不同数字标号表示的具体含义如下:

(1)入口。司机根据驾驶车辆的车牌信息领取 ID 卡(身份识别卡),废钢运送车辆刷卡进入废钢等级判定场区域。

(2)称(毛)重处。废钢运送车辆在此进行称重,以得到废钢毛重。

(3)身份录入处。称重结束后司机在此进行信息录入打卡,将废钢毛重的称重信息记录在 ID 卡中。

(4)卸料点。这是废钢智能判级技术理论应用现场的核心区域。称过毛重的废钢在此进行卸料的同时,废钢智能判级系统对该废钢运送车辆完成检测和评级。

(5)信息确认处。经由废钢智能判级系统得到的等级结果在现场检测人员和司机的共同核实确认后录入 ID 卡,然后废钢运送车辆有序退出卸料点区域。

(6)称(皮)重处。废钢运送车辆在此进行称重,以得到废钢皮重。

(7)身份录入处。称重结束后司机在此进行信息录入打卡,将废钢皮重的称重信息记录在 ID 卡中。

（8）出口。废钢运送车辆刷卡退出废钢智能判级场区域,根据 ID 卡中记录的信息完成废钢的等级判定和回收。至此,整个废钢智能判级系统的应用场景流程结束。

中央控制中心的作用为连接各大钢铁厂的内网系统,用于废钢智能判级系统在后台数据库中的日志记录和数据备份,方便系统后台人员对整个废钢检测流程进行监控和调度,以及与现场人员进行沟通。

应用场景中的卸料点是废钢智能判级系统中最核心的操作地点,包含主要的废钢检测及评级工作。卸料点需要完善的硬件工装对废钢检测和评级工作进行支撑。图 5.3 为废钢智能判级系统在卸料点的硬件工装示意图,具体设备如下。

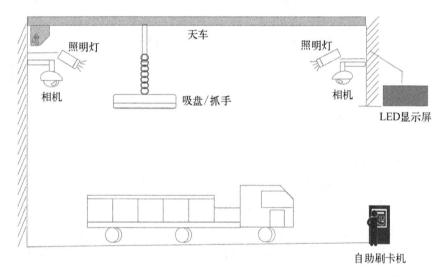

图 5.3　卸料点硬件工装示意图

（1）自助刷卡机：车辆司机刷 ID 卡开始废钢检测和判级任务,判级结束并经司机和现场人员一致确认后再次刷卡录入评级信息。

（2）LED 显示屏：整个废钢评级过程中的数据都会实时显示在 LED 显示屏上,以保证整个操作过程公正透明,方便司机在废钢检测和判级过程中有异议时与现场人员沟通。

（3）相机/照明灯：利用高清相机对运送废钢车辆车厢进行抓拍,获取废钢检测数据,每个卸料点根据实际情况布置多组高清相机,以保证废钢图像的质量。为保证高清相机的视野覆盖率,废钢运送车辆需要停放在卸料点规定的区域内,否则可能出现车辆图像缺失不全的情况。照明灯作为补充光源,可以保证相机抓拍的照片的可视度,提高废钢智能判级系统在夜间作业的适配性。

(4)天车:主要连接吸盘和抓手,通过相关人员控制移动,以实现废钢卸料。

(5)吸盘/抓手:吸盘和抓手是两种主要的废钢卸料方式,吸盘通过强磁性磁铁将废钢从运送车厢中吸出并送进堆料堆,抓手则采用抓取的方式将废钢从运送车厢中吸出并送进堆料堆,二者的区别在于抓手主要负责抓取大型废钢件,吸盘主要针对小型废钢件。通过吸盘和抓手对车厢中的废钢进行逐层卸料,每一层都应利用高清相机进行拍摄,以得到废钢的表面图像并进行检测和判级,即每吸取/抓取一层废钢就对当前抓拍的废钢图像进行一次评级,最终的判级结果为每次评级的综合结果。

卸料点废钢检测与判级流程如图 5.4 所示。司机刷卡进入卸料点,废钢运送车辆在规定位置停好后,开始进行废钢检测和判级任务。现场作业人员操控天车,带动吸盘/抓手对车厢中的废钢分层进行卸料,每卸掉一层废钢,高清相机就对车厢区域进行抓拍,得到一张关于该辆车的废钢表面图像,重复操作多次后完成卸料,得到多张废钢表面图像。对于每一辆废钢运送车,废钢判级系统会进行不定次的废钢检测和等级判定,并综合得到最终的预测等级结果。废钢判级系统在进行评定的同时,会将检测结果及评级结果传至现场 LED 显示屏和后台中央控制中心。LED 显示屏可以保证司机和现场人员实时查看评级结果,方便调度和异议沟通;后台中央

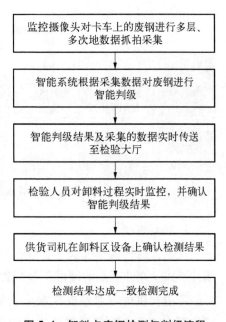

图 5.4 卸料点废钢检测与判级流程

控制中心用于日志记录和数据备份。检测完毕且司机和现场人员确定无异议后,司机刷 ID 卡录入评级结果和数据,并有序驾驶车辆退出卸料点,继续完成后续流程。

本节介绍的废钢智能判级系统的硬件设备是一个典型的理论配套应用场景,具体的硬件设置可以根据实际的工业场景进行调整。5.1.2 节主要介绍废钢智能判级系统的核心部分,即废钢智能判级系统的软件组成。

5.1.2　废钢智能判级系统的软件组成

废钢智能判级系统旨在输入一组废钢运输车辆车厢表面抓取图像,该系统能自动地对图像中的废钢进行等级评定,并输出废钢检测结果及等级判定结果。废钢智能判级系统的主要结构组成如图 5.5 所示。废钢智能判级系统的软件组成主要包括吸盘/抓手检测模块、车厢提取模块、废钢检测模块、异物检测模块以及等级判定模块等。整个废钢智能判级系统主要基于机器视觉技术和深度学习领域的神经网络模型对目标进行检测和分割,在检测得到的分割结果的基础上对废钢质量等级进行判定,相较于传统的人工验收方式,该系统可以得到更加客观的检测结果。下面详细介绍废钢智能判级系统软件的数据集和各个组成模块。

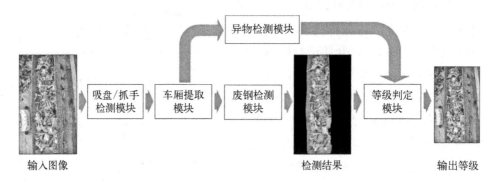

图 5.5　废钢智能判级系统的主要结构组成

1. 数据格式

废钢智能判级系统采用的数据格式主要是图片,支持".jpg"和".png"两种图片格式。在卸料点的硬件工装配置中,包含数组高清相机及相应的补光照明灯。高清相机可以对停放在规定点的废钢运送车辆的车厢区域进行抓拍,得到车厢表面图像数据。需要注意的是,在高清相机抓拍时,相机的视野必须包含完整的车辆车厢区域,防止出现缺失不全的车厢区域数据导致最终的判级结果存在偏差。

废钢智能判级系统的实际作业环境往往很复杂,噪声和振动等物理因素难以避免地会对高清相机的抓拍造成干扰,导致相机视角发生偏斜等问题,进而造成抓拍图片质量较差等问题。如图 5.6 所示,相机发生视野偏差,可能导致出现严重的遮挡问题。因此,在图片输入系统前,进行相应的质量检查是有必要的。

(a) 图片左侧被遮挡　　　　　　　　　(b) 图片右侧被遮挡

图 5.6　车厢表面废钢图像数据遮挡问题

对于废钢智能判级系统,其组成结构中多数模块都是基于深度学习的神经网络模型完成相应的自动化检测。其涉及的网络模型都是有监督式学习的,即该网络模型需要先在大量数据中提取和学习到数据隐含的特征,然后将这种能力泛化到与训练时使用的数据相似但不相同的新数据中,从而完成相关任务。

训练神经网络模型数据集的质量直接影响模型最终的性能。为了保证废钢智能判级系统在实际工业生产中的工作质量,数据集中的数据采集方式应与实际应用中的数据采集方式保持一致,即使用同一采集设备完成数据集中的数据采集。

2. 数据集

根据本应用中废钢智能判级系统包含的不同模块结构,数据集可以分为吸盘/抓手检测数据集、车厢提取数据集、废钢检测数据集以及异物检测数据集。其中,吸盘/抓手检测数据集和异物检测数据集是目标检测任务的数据集;车厢提取数据集和废钢检测数据集是目标分割任务的数据集。所有数据集中的图片都需要经过人工标注,但目标检测和目标分割数据集的标注格式不同。具体地,目标检测的数据集标注时使用水平的矩形框将图片中的目标实例包围,并附上对应的目标种类标签,矩形框使用坐标的形式表示;目标分割的数据集标注时使用任意多边形框将图片中的目标实例沿着目标边缘贴合性包围,并附上对应的目标种类标签,任意多边形框的表示形式是一个集合,该集合中包含标注该多边形框时所有的点坐标。目前,很多开源的数据标注工具可以完成上述工作,例如,目标检测数据集的标注可以使用 LabelImg[50],其输出文件的格式为".xml";

目标分割数据集的标注可以使用 LabelMe[51]，其输出文件的格式为". json"。以车厢提取数据集和废钢检测数据集为例,图 5.7 展示了目标分割数据集标注的可视化结果。

(a) 车箱提取数据集示例原始图像

(b) 车箱提取数据集示例标注实例

(c) 废钢检测数据集示例原始图像

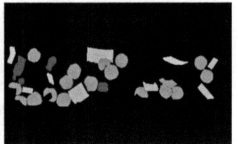
(d) 废钢检测数据集示例标注实例

图 5.7　目标分割数据集标注的可视化结果

3. 车厢提取模块

车厢提取模块最主要的作用为排除环境对废钢检测和评级的干扰。在对所载废钢进行评级时,废钢智能判级系统只需要关注处于车厢中的废钢数据,但在实际卸料现场环境中,高清相机获取的图像数据往往包含复杂的背景信息,如车辆停放点旁边的废钢卸料堆放处、挖掘机以及地面的油污等,这些背景信息在系统中进行废钢检测时会引入噪声,造成最终结果存在偏差,因此在进行废钢检测和提取之前,首先需要将原始图像中的车辆车厢区域提取出来,再对该区域进行废钢的识别和检测,从而保证最终的检测精度和判级效果。

将车厢区域从复杂的背景中提取出来的车厢提取模块是一个基于语义分割任务的神经网络模型。语义分割是深度学习视觉领域的一个基本任务,能够在一张二维图像中识别出目标对象,并在像素层面上将其切割,主要应用于行人识别、缺陷检测等实际任务中。

车厢提取模型的网络结构如图 5.8 所示,它是一个 FCN[52] 类型的网络框架。其主体结构是主干网络 VGG-19[53] 的一个变形,它们的主要区别为 FCN 将最后几层的全连接层全部替换为卷积层,构成一个全卷积网络。经过吸盘/抓手检测后,存在遮挡现象的原始图像会被系统剔除,保留下来的图像数据输入车厢提取模块,用于提取车厢信息。输入图像维度为 $H \times W \times 3$,H 和 W 分别表示特征图的长和宽。每经过一层卷积层,输入维度就会和该层的卷积核进行卷积操作,卷积操作不会改变特征图的大小,但经过卷积操作后特征图上的像素会发生改变,即提取特征的过程;每经过一层池化层,输出特征图的尺寸就会变成输入特征图的 1/2,但较为突出明显的特征会被保留,同时变小的特征图也会减少后续卷积的计算量。整个网络结构共经过 5 次池化层,最终输出特征图的大小为 $\dfrac{H}{32} \times \dfrac{W}{32} \times C$,其中 C 表示数据集中目标种类的数量。此处,若 C 的取值为 2,则代表车厢和背景两类目标,注意背景也应看成分类的一个值。

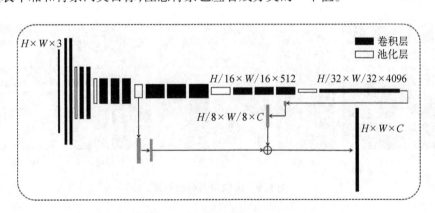

图 5.8　车厢提取模型的网络结构

车厢提取模块在主干网络的基础上,使用了一种跳层连接结构来保证车厢提取模块对车厢区域的高精度分割,具体过程如下:

(1) 取原始图像 1/8 大小的特征图作为浅层特征,经过 1×1 卷积操作,将通道数变为数据类别 C;

(2) 将全卷积网络最终输出的大小为 $\dfrac{H}{32} \times \dfrac{W}{32} \times C$ 的特征图上采样到 1/8 大小;

(3) 将两个相同大小 $\left(\dfrac{H}{8} \times \dfrac{W}{8} \right)$ 的特征图逐像素相加,得到融合浅层空间

信息和深层语义信息的特征图;

（4）将融合后的特征图采样至原图大小,得到与原始图像逐像素对应的分类特征图,该特征图大小为 $H \times W \times C$, 对于原始图像上的每一个像素点,该特征图都对应着一个 $1 \times C$ 的分类向量值;

（5）取分类向量最大值对应的类别为该点像素的预测类别,完成对原始图像的逐像素分类,得到分割掩膜(mask)。

至此,车厢区域被分割出来。对于车厢提取结果的分析,详见 5.1.3 节。

4. 废钢检测模块

对于废钢检测,首先要解决的一个难点为废钢的分类标注。废钢的种类繁多,在标注数据集时标准较为模糊。在尽可能地标准收束(突出主要标准,模糊次要标准)下,总结出了一个可参考的废钢种类分级标准,如图 5.9 所示,质量等级由 A 级到 3 级依次递减。本节应用实例中的废钢智能判级系统的废钢分类都基于此标准。

（a）A级   （b）0级   （c）1级   （d）2级   （e）3级

图 5.9   废钢种类分级标准

废钢的检测基于实例分割任务,实例分割与语义分割的不同点为实例分割在语义分割的基础上,进一步分辨了属于同一种类目标的不同个体,即实例分割可以看成目标检测和语义分割的结合任务。这也是解决实例分割任务的一种主流思想,即"分开进行分割和检测"。废钢智能判级系统中的废钢检测模块是基于实例分割任务设计的神经网络模型,其先对二维废钢表面图像中的单体废钢进行检测和提取,再获取相应的数据信息,用于后续的等级判定,同时将废钢的检测结果可视化。

废钢检测模型的网络结构如图 5.10 所示,其是一个基于锚(anchor)的一阶神经网络模型,采用并行分支结构,通过两个独立推导的预测分支和原型分支并行计算,能大大提高模型的检测速度。

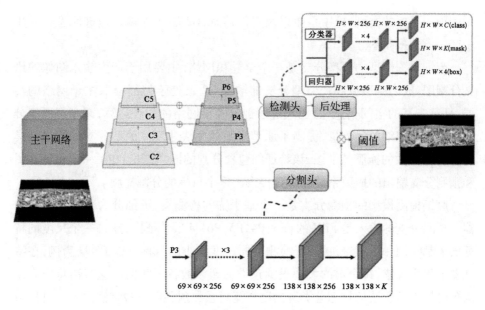

图 5.10 废钢检测模型的网络结构

废钢检测模型的主干网络采用 ResNet - 101[54]，残差网络 ResNet 是目前深度学习中应用于提取特征效果最好的主干网络，它的核心操作是在不同卷积层之间进行残差连接，在不断增加神经网络深度的同时，还可以有效解决梯度消失和爆炸的问题。整个残差主干网络按照输出特征图大小可分为五个卷积模块，即 conv1_x、conv2_x、conv3_x、conv4_x、conv5_x。

废钢检测模型的主干网络中另一核心组成块是特征金字塔网络（feature pyramid networks，FPN）[55]。在深度学习领域的目标检测任务中，待检测目标的大小存在范围波动，若只在一层特征图上对所有目标进行检测，则可能导致最终的检测精度较差。因此，出现了一种分而治之的思想，即将不同大小的目标分别放在不同大小的特征图上进行检测。FPN 运用的就是这种思想。首先，废钢检测模型在 ResNet - 101 主干网络的基础上，搭建了四层 FPN 结构｛C2,C3,C4,C5｝，主干网络提取图像特征的同时会逐步缩小特征图，因此｛C2,C3,C4,C5｝特征层逐步呈现缩小的趋势，形状就像一座金字塔，故而得名；然后，取 C5 层经过 1×1 卷积操作改变通道数，但特征图大小不变，变成 P5 层，P5 层上采样至 C4 层大小，与经过 1×1 卷积操作后的 C4 层进行逐像素相加侧向连接得到 P4 层，C4 层和 C3 层通过同样的操作得到 P3 层；最后，构建｛P3,P4,P5,P6｝层的多尺度特征金字塔，其中 P6 层由 P5 层直接上采样得到。FPN 作为输入送进检测分支用于预测目标的类别、掩膜系数以及定位信息，C2 层作为输入送进原型分支用于产生原型掩膜图。

废钢检测模型的原型分支是一个全卷积网络，主要用于产生输入图像的语义分割图，成为原型掩膜。原型分支的输入 C2 层处于特征提取主干网络的浅层，具有丰富的空间信息，且已经过了部分主干网络的卷积运算，减小了原型分支上全卷积网络的计算量，提高了原型掩膜的生成速度。原型分支的输出是具有 K 个通道数的掩膜特征图，该特征图包含分割的语义信息，在下一步将特征图和预测分支输出的掩膜系数相乘直接得出每个目标的分割掩膜。

废钢检测模型的预测分支是一个基于锚的检测头，可细分为分类器和回归器。预测分支的输入是 FPN 的 $\{P3, P4, P5, P6\}$ 四层特征图，在每一个尺度的特征层上都作用一个检测头，用于检测不同尺度大小的目标。以 P3 层为例，在特征图上先生成锚，每个锚的大小根据预设的超参数各不相同。这些锚将作为候选预测框进行后续的目标分类置信度和掩膜系数预测以及检测框预测。目标检测任务中的分类主要用于预测目标的分类置信度，输出维度为 $H \times W \times C$。废钢检测模型为了完成实例分割任务，在普通分类器的基础上添加了掩膜系数预测分支，输出为 $H \times W \times K$，其中 K 与原型分支产生的原型掩膜特征图相对应，在分支结合阶段，K 维的掩膜系数和 K 层原型掩膜相乘，就能够得到图像中每一个目标的分割掩膜，从而完成单块废钢的实例分割任务。回归器主要用于回归定位目标的位置信息，输出为 $H \times W \times 4$，其中 4 表示回归的目标预测框的中心坐标以及长和宽，即 (x, y, w, h)。

废钢检测模型的输出信息是对图片中废钢的检测结果，主要包括每种类型废钢相对于所有种类废钢的占比以及每种类型废钢检测的数量等数字化信息。其中，根据像素点数量占比进行废钢等级占比分析。这些数据应用于废钢智能判级模型中，可实现废钢等级的自动化判定任务。

5. 异物检测模块

废钢中往往包含一些异物，包括塑料、渣土、油污、超长件以及封闭容器体等，这些异物会对废钢的回收工作造成干扰，严重的甚至会产生安全隐患，同时含有异物的废钢在等级评定时会进行扣重处理，因此在废钢检测的同时，还应该进行异物检测处理。

异物检测与吸盘/抓手检测类似，属于机器视觉领域的目标检测任务。废钢智能判级系统主要针对塑料制品和封闭容器体的检测，可采用神经网络模型 YOLOv3[56] 作为基准检测器，该模型能够实现快速且精准的目标检测，并且在实际的工业生产场景中具有较高的鲁棒性。

6. 等级判定模块

废钢智能判级系统的废钢检测模块会将废钢的检测结果数字化,包含每种类型废钢相对于所有种类废钢的占比以及每种类型废钢检测的数量。将这些数据信息作为输入,等级判定模块可以对最终的等级进行概率预测。采用基于统计学的分类算法是一种简单但行之有效的手段。贝叶斯分类算法是经典的基于统计学的分类算法,其对于离散型数据的分类具有较高的效率。首先分析废钢检测数据的特征,废钢各种类型的占比和数量都是离散的独立数据点,各种类型废钢数据之间不存在直接的关联性,只存在统一尺度下不同占比和数量之间的相对影响。在这种数据特征下,可选择贝叶斯分类算法作为废钢智能判级系统的判级方法[57]。在传统贝叶斯公式的基础上额外加上一条约束,即认定各概率条件之间是相互独立的,构成朴素贝叶斯算法。朴素贝叶斯算法在计算上有极大的简化,朴素贝叶斯算法计算出的废钢等级属于标签 x_i 的概率为

$$
P\left(y \mid \sum_{i=1}^{n} x_i\right) = \frac{P\left(\sum_{i=1}^{n} x_i \mid y\right) \times P(y)}{P\left(\sum_{i=1}^{n} x_i\right)} = \frac{P(x_1 \mid y) \times P(x_2 \mid y) \times \cdots \times P(x_n \mid y) \times P(y)}{P\left(\sum_{i=1}^{n} x_i\right)}
$$

$$(5.1)$$

式中,y 为预测的废钢等级标签,如图 5.9 中所示废钢分类标准中的 $\{A, 0, 1, 2, 3\}$ 分类;$\sum_{i=1}^{n} x_i$ 为由废钢检测模型输出单张废钢图像的统计数据,主要包括每种类型废钢相对于所有种类废钢的占比以及每种类型废钢检测的数量等数字化信息。废钢检测统计数据实例如图 5.11 所示。

贝叶斯分类算法最终可以计算出该组废钢数据对于每一个预测等级标签的概率,取最大概率对应的标签为该组废钢数据的最终预测等级。为了保证最终预测等级的鲁棒性,可以对一辆废钢运送车辆进行多次抓拍废钢表面图像,对每一次抓拍到的图像都进行废钢检测和等级判定,并且最终的等级结果是所有判定结果的综合均值。

需要注意的是,贝叶斯分类算法是以先验知识推导后验概率,因此在计算时需要具备先验知识,即公式中的 $P\left(\sum_{i=1}^{n} x_i \mid y\right)$ 项,该先验知识类似于神经网络模型训练时使用的数据集,但区别在于先验知识不需要训练,只需要在计算时代入

1	e684ca574	A	16	0.86	3	0	0	1	1	0.03	0	0	0	2	2	0.1
2	e684ca574	A	25	0.84	3	0	0	1	0	0	0	0	0	2	3	0.16
3	e684ca574	A	9	0.72	3	1	0.09	1	1	0.14	0	0	0	2	1	0.05
4	f097df0ef8	A	22	0.85	3	4	0.11	1	0	0	0	0	0	2	1	0.03
5	f097df0ef8	A	14	0.45	3	5	0.17	1	4	0.23	0	0	0	2	3	0.14
6	f097df0ef8	A	18	0.48	3	6	0.22	1	1	0.05	0	0	0	2	5	0.25
7	29655b6cc	A	17	0.78	3	1	0.06	1	1	0.04	0	0	0	2	1	0.12
8	29655b6cc	A	19	0.66	3	5	0.15	1	1	0.05	0	0	0	2	5	0.14
9	29655b6cc	A	19	0.8	3	1	0.01	1	1	0.04	0	0	0	2	6	0.16
10	e7939a7c8	A	12	0.64	3	0	0	1	7	0.32	0	0	0	2	1	0.04
11	e7939a7c8	A	15	0.8	3	2	0.06	1	3	0.12	0	0	0	2	1	0.02
12	e7939a7c8	A	23	0.75	3	2	0.11	1	0	0	0	0	0	2	4	0.14
13	ccbaef059	A	26	0.84	3	0	0	1	2	0.06	0	0	0	2	2	0.1
14	ccbaef059	A	17	0.55	3	2	0.11	1	1	0.06	0	0	0	2	7	0.27
15	ccbaef059	A	7	0.33	3	10	0.28	1	2	0.12	0	0	0	2	5	0.27
16	c599c75c9e	A	10	0.18	3	5	0.16	1	6	0.18	0	0	0	2	9	0.48
17	c599c75c9e	A	21	0.73	3	6	0.21	1	0	0	0	0	0	2	3	0.06
18	c599c75c9e	A	16	0.5	3	6	0.23	1	2	0.09	0	0	0	2	6	0.18
19	13b3a7d33	A	27	0.88	3	2	0.09	1	0	0	0	0	0	2	1	0.03
20	13b3a7d33	A	28	0.95	3	0	0	1	0	0	0	0	0	2	2	0.05
21	13b3a7d33	A	25	0.95	3	1	0	1	0	0	0	0	0	2	2	0.04
22	49b86671e	A	13	0.49	3	4	0.35	1	1	0.03	0	0	0	2	3	0.12
23	49b86671e	A	16	0.42	3	4	0.17	1	1	0.02	0	0	0	2	8	0.39
24	49b86671e	A	12	0.45	3	6	0.31	1	0	0	0	0	0	2	4	0.24
25	049e24329	A	17	0.65	3	5	0.28	1	0	0	0	0	0	2	3	0.07
26	049e24329	A	14	0.39	3	9	0.33	1	1	0.02	0	0	0	2	6	0.27

图 5.11　废钢检测统计数据实例

先验知识信息,因此贝叶斯分类算法在速度上优于其他机器学习算法。但为了保证最终等级预测的精准性,该先验知识必须是正确且完备的,贝叶斯分类算法的准确性极其依赖于其使用的先验数据集的质量。

5.1.3　结果分析

本节中的废钢智能判级系统的各模块在实验环境下已经实现了一些功能,并得到了实验结果,下面对这些结果进行分析。

首先对车厢提取模块的结果进行分析。图 5.12 为车厢提取结果实例。车厢提取模块的主要任务为从抓拍的废钢图像中分割出车厢区域,并去除非车厢区域部分。如图 5.12 所示,车厢提取模型的输出是和原始图像相对应的分割掩膜,先在该掩膜中分割出实际的车厢区域,然后将该掩膜和原始图像结合,从而完成车厢提取任务,将该车厢提取图像作为输入,完成后续的废钢检测任务。

废钢检测模块的输出为对应的检测统计数据。为了方便展示,将废钢的检测结果可视化为图 5.13 所示的实例。废钢检测模块能够在车厢提取图像上将车厢区域中的废钢实例一一分割,并以不同的颜色生成掩膜将其进行区分,如图 5.13(b)所示。

异物检测模块的可视化结果如图 5.14 所示。虚线圈出部分为检测出的异物。为了突出显示异物,图中的异物被人为添加了颜色掩膜。一般情况下,异物在整个图片中的占有量较少,但在对废钢质量等级进行判定时,需要将异物作为惩罚进行扣重,使最终的废钢预测等级更具有信服力。

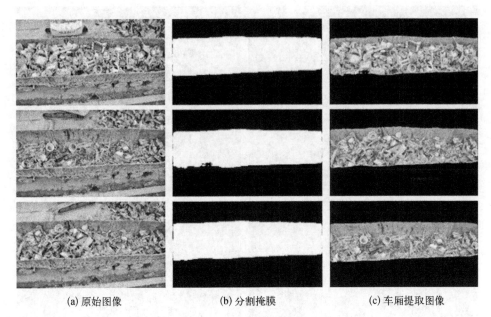

(a) 原始图像　　　　　(b) 分割掩膜　　　　　(c) 车厢提取图像

图 5.12　车厢提取结果实例

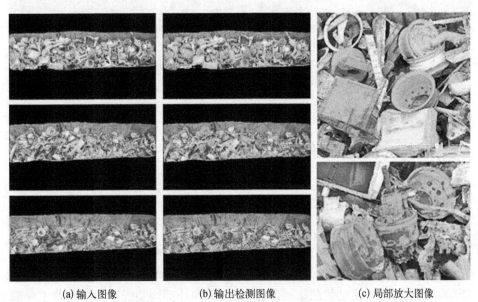

(a) 输入图像　　　　　(b) 输出检测图像　　　　　(c) 局部放大图像

图 5.13　废钢检测结果可视化实例

(a) 异物图像一的检测结果　　　　　　　　(b) 异物图像二的检测结果

(c) 异物图像三的检测结果　　　　　　　　(d) 异物图像四的检测结果

图 5.14　异物检测模块可视化实例

5.2　发动机缸体铸件表面缺陷检测

　　汽车产业是我国国民经济的一个重要组成部分。随着我国经济实力的崛起,汽车早已是人们的生活必需品。近年来,我国的人均汽车拥有率保持高速增长,整体发展态势平稳,这一发展趋势推动了发动机缸体生产行业的快速发展。发动机是汽车的核心部件,其质量的好坏将对汽车的驱动力和稳定性产生直接影响。而缸体作为发动机的基础元件,其内部和外部均装配有发动机的主要部件和附件,因此发动机缸体的产品质量对发动机乃至整个汽车的性能都有至关重要的影响。

在发动机缸体铸件的铸造过程中,受周围生产环境、加工工艺、原料质量等客观因素的影响,发动机缸体铸件表面在铸造过程中会产生多种类型、复杂形态的不可预测性缺陷。这些表面缺陷会降低汽车发动机的安全性和持久性,存在很大的使用风险,在汽车使用过程中容易引起较大的安全问题。因此,发动机缸体铸件表面缺陷检测是发动机生产过程中必不可少的环节。

传统发动机缸体铸件表面缺陷检测方法包括人工检测、红外检测以及基于传统计算机视觉(computer vision, CV)算法的检测。人工检测完全依赖于人眼判断,受许多不确定因素的影响,如工人的主观决断、技术水平、情绪波动等,检测稳定性和一致性较差,同时也存在效率低、漏检率高等问题;红外检测虽然检测面积大、速度快,但是对工作环境要求较高,受铸件表面及背景辐射的干扰,可能会出现无法检测出缺陷形状的情况,不利于分辨不同类型的缺陷;基于传统计算机视觉算法的检测可以实现无接触、无损伤,在各种环境下都能保持安全、高效地工作,但是针对不同种类的缺陷,需要耗费大量的时间进行特征完整的建模和迁移,复用性差。另外,发动机缸体铸件表面缺陷形态多样繁杂,对于这个问题基于传统计算机视觉算法的检测鲁棒性较差,进而导致识别的准确率较低。

近年来,基于深度学习的机器视觉算法在缺陷检测领域中取得了非常好的效果。通过使用深度学习算法,可以有效解决传统发动机缸体铸件表面缺陷检测时主观性强、精度差、速度慢、漏检多、准确性难以保证等问题。

本节详细介绍一种基于机器视觉技术的发动机缸体铸件表面缺陷检测系统的典型应用。

5.2.1　系统组成

根据发动机缸体铸件表面缺陷检测系统的特性,硬件设备可以分为定点式缺陷检测设备和手持式缺陷检测设备。定点式缺陷检测设备需要在作业现场布设专有工位,并在工位上按照规划布置对应的缺陷检测系统。定点式缺陷检测设备的优点为可自动完成缸体表面缺陷检测工作,与生产线上其他工位协调性高;缺点为定制化较强,需要根据实际的工作环境设计其硬件布设方式。手持式缺陷检测设备类似于移动型电子设备,由相关人员手持操作。手持式缺陷检测设备优点为移植性高,操作简便,不需要额外的工作环境支持;缺点为检测过程中全程需要相关人员操作,且设备相对独立,与后台管理系统之间的联系需要额外的通信设备。

发动机缸体铸件表面缺陷检测系统的硬件设备无论采用定点式缺陷检测设备还是手持式缺陷检测设备,都应具备图 5.15 所示的基本模块结构。

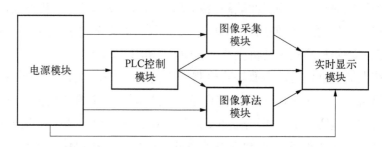

图 5.15　发动机缸体铸件表面缺陷检测系统的基本模块结构
PLC 为可编程逻辑控制器

具体地,电源模块用于为缺陷检测设备供电;PLC 控制模块作为中央控制中心,负责管理整个设备的运转;图像采集模块包含一组或多组高分辨率工业相机,并集成了采集调度算法及图像增强算法,负责发动机缸体表面缺陷数据的采集工作;图像算法模块中嵌入了基于深度学习的发动机缸体铸件表面缺陷检测算法,是设备中的核心模块;实时显示模块负责显示发动机缸体铸件表面的缺陷检测结果。

5.2.2　缸体缺陷类别及数据处理

发动机缸体铸件表面存在多种类型的缺陷,包括气孔、砂眼、脉纹、缺肉、凸瘤、胀砂、烧结等。为方便理解,本节所介绍的缸体缺陷类别以及后续缺陷检测算法验证中涉及的缺陷类别主要划分为凹坑和凸包两类。

在实际的工作生产环境中,由图像采集设备获取的发动机缸体铸件表面图像的质量通常较差,这会对后续的缺陷检测工作造成很大的干扰,因此这些图像数据用于缺陷检测任务前,需要对其进行图像增强。在各种质量问题中,最容易观察到的问题就是图像亮度问题。工业相机成像需要较强的曝光,再加上实际生产环境的影响,图像采集设备获取的原始图像的亮度往往较差,因此需要对图像的亮度进行调节。

最常见的一种图像亮度调节方法是直方图均衡化。本节中发动机缸体表面图像采用灰度直方图。灰度直方图是关于灰度级分布的函数,是对图像中灰度级分布的统计,可以很直观地展示出图像中各像素点的灰度级占比。其横轴为灰度级,距离坐标原点越远,灰度级越大,纵轴为该灰度级的像素个数。直方图均衡化的思想为：将一幅图像原本不规则的像素分布通过映射函数转变为近似均匀分布，从而改变图像的亮度显示。以发动机缸体表面图像为例，图 5.16 展示了直方图均衡化增强结果。

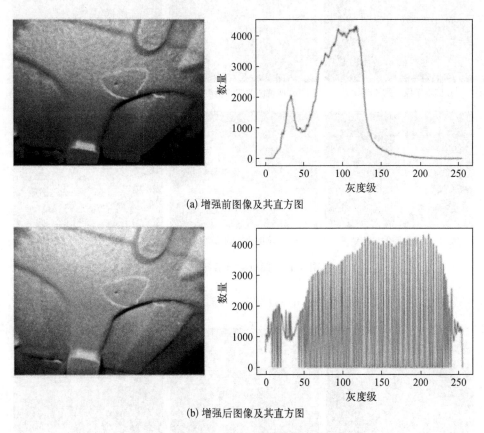

(a) 增强前图像及其直方图

(b) 增强后图像及其直方图

图 5.16　发动机缸体表面图像均衡化增强结果

　　发动机缸体铸件表面缺陷主要划分为凹坑和凸包两类。具体地，凹坑类表面缺陷主要包含在铸造过程中形成的气孔、砂眼、缺肉等。此外，在铸件搬运或清理过程中因磕碰等事故形成的缺陷也可划分为凹坑类。这类缺陷大部分孤立分布，少部分聚集分布，尺寸变化范围较大。图 5.17 展示了部分凹坑类缺陷样本。

　　凸包类缺陷主要是指缸体铸件在铸造过程中由工艺问题或铸模模具质量导致局部金属膨胀形成的凸瘤、脉纹、胀砂、烧结等。凸包类缺陷通常表现为不规则的片状或瘤状金属凸起物。图 5.18 展示了部分凸包类缺陷样本。

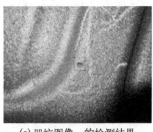  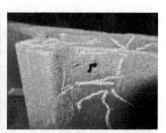

(a) 凹坑图像一的检测结果　　　　(b) 凹坑图像二的检测结果　　　　(c) 凹坑图像三的检测结果

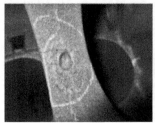 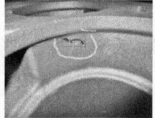 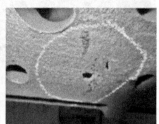

(d) 凹坑图像四的检测结果　　　　(e) 凹坑图像五的检测结果　　　　(f) 凹坑图像六的检测结果

图 5.17　凹坑类缺陷样本示例

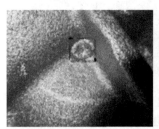  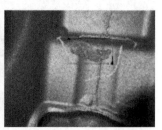

(a) 凸包图像一的检测结果　　　　(b) 凸包图像二的检测结果　　　　(c) 凸包图像三的检测结果

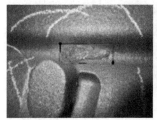  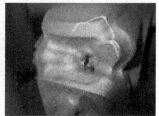

(d) 凸包图像四的检测结果　　　　(e) 凸包图像五的检测结果　　　　(f) 凸包图像六的检测结果

图 5.18　凸包类缺陷样本示例

5.2.3　机械臂路径规划与执行

对于发动机缸体表面图像数据的采集,需要对采集的原始数据进行增强处理,并高效地完成整个缸体表面图像的采集。由于单一的相机无法获取整个缸体的表面,为了保证采集到的表面缺陷数据能够对缺陷本身有较明显的突出显示,应该将相机的感受野控制在一个较小的范围,这样才能保证图像中的缺陷能较为突出的显示。因此,如何设计一条调度路径使得相机在采集过程中具有较高的效率,是一个完整应用中需要考虑的点。本节介绍一种基于模型驱动的发动机缸体铸件表面数据采集路径规划方法。

基于模型驱动的发动机缸体铸件表面数据采集路径规划方法,主要包含三个步骤:① 使用激光扫描仪获取发动机铸件表面深度图像信息;② 基于发动机铸件表面深度图像信息搭建发动机铸件表面障碍模型;③ 在建立的模型中预测相机在发动机铸件表面获取图像的行动路径,并使用机械臂控制相机完成图像抓取,具体思路如图 5.19 所示。

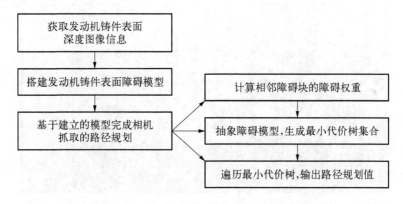

图 5.19　基于模型驱动的发动机缸体铸件表面数据采集路径规划方法流程

下面详细介绍基于模型驱动的发动机缸体铸件表面数据采集路径规划方法的每个步骤。

(1) 使用激光扫描仪获取发动机缸体铸件表面深度图像信息,并以三维坐标的形式存储,即 $(x, y, z) \times H \times W$。其中,$H$ 和 W 分别为缸体表面的采样长度和宽度, 二者的乘积即是采样点的数量。对于每一个采样点, (x, y, z) 存储了相应的深度坐标信息,x 和 y 表示采样点的平面坐标信息,z 表示深度坐标。此外,为了该深度图像信息能与后续建立的模型相对应,需要统一标定高度坐标的参照原点。取该深度图像信息中高度坐标最大值 z_{max} 作为参照原点,将其他所有高度坐标值修改为与 $z_{\max}$ 的相对差值,该差值非负,并且后续关于模型状态的建立都应参考该原点坐标。

(2)在获取发动机缸体表面的深度图像信息后,就可以构建其表面的障碍模型。将缸体表面均分为大小相同的块,如图 5.20 所示。每个障碍模型的状态均可具体表示为 $S_{ob}=[i,x_{ob},y_{ob},l_x,l_y,\mu_i]$。其中,$i$ 为当前障碍块的标号,(x_{ob},y_{ob}) 为该障碍块的水平标定坐标,l_x、l_y 分别为该障碍块的横向宽度和纵向长度,μ_i 为该障碍块在高度维上的障碍因子,可由式(5.2)计算得到:

$$u_i=\frac{1}{l_x\times l_y}\Big[\sum_{l_x}\sum_{l_y}z+\max(z)_i+\min(z)_i\Big] \quad (5.2)$$

式中,$\max(z)_i$ 和 $\min(z)_i$ 分别为在该障碍块圈定范围内所有采样点中高度坐标的最大值和最小值。

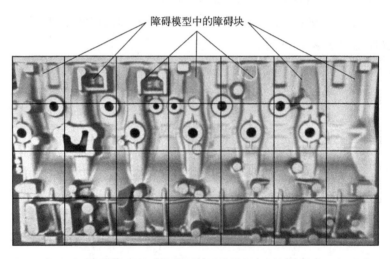

图 5.20　发动机缸体表面障碍块划分示意图

(3)基于障碍模型来规划操控相机的机械臂在数据采集过程中的行进路径。将机械臂置于规划路径的原点,一种简单的标定方法是在水平面上直接将机械臂置于左上角障碍块的中心点 (x_c,y_c) 处,在深度维上取发动机缸体表面深度图像信息中深度的最大值 $z_{\max}$ 为 z_c,得到路径规划的原点 (x_c,y_c,z_c)。

(4)开始预测机械臂的行动路径。根据每个障碍块的高度障碍因子,计算出相邻第 i 个和第 j 个障碍块之间的障碍权重 $\omega_{i,j}=|\mu_i-\mu_j|$,这样就可以将发动机缸体表面划分的障碍块(图 5.20)抽象为障碍模型权重图,如图 5.21 所示。障碍模型权重图可以进一步抽象为带权无向图 A,并生成带权无向图 A 对应的

最小代价树集合 $\{\gamma_{0\to n}\}$，n 表示最小代价树的数量。带权无向图 A 可以用 $N \times N$ 的权值矩阵来表示，矩阵中的每一点 (i,j) 的值代表相邻第 i 个和第 j 个障碍块之间的权重值 $\omega_{i,j}$：

$$\omega_{i,j} = \begin{bmatrix} 0 & 1 & \cdots & \omega_{0,j} \\ 1 & 2 & \cdots & \omega_{1,j} \\ \vdots & \vdots & & \vdots \\ \omega_{i,0} & \omega_{i,1} & \cdots & \omega_{i,j} \end{bmatrix}$$

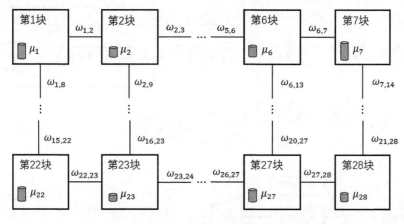

图 5.21　障碍模型权重图

（5）对于最小代价树集合 $\{\gamma_{0\to n}\}$ 中每一个最小代价树，都选定机械臂标定的初始坐标为路径起点，然后遍历整棵树中代表障碍块的节点，并计算遍历权重 $W = \sum\limits_{k}^{OP} \omega_k$，其中 OP 为遍历操作数量，$\omega_k$ 为第 k 次遍历操作经过的最小代价树中边的权重。最终得到多次遍历权重的集合 $\{W_n\}$，该集合中的最小值对应的遍历路径就是该规划算法预测的机械臂在数据采集过程中的执行路径。

5.2.4　缸体表面缺陷检测

对于发动机缸体表面的缺陷检测工作，本节提出一种基于 YOLOv5 网络改进的缸体表面缺陷检测模型，在其中嵌入空间注意力机制（spatial attention module）和通道注意力机制（channel attention module），以提升网络的特征提取能力和缺陷检测精度。YOLOv5 使用的主干网络为 CSPDarkNet53，其中嵌入了残差网络结构。残差网络是目前广泛应用于深度学习主干网络中的一种模块，其使用残差边直接将网络的输入和输出结合。利用这种残差网络结构,可以大幅增加神经网络的深度,并有效缓解由深度增大导致的梯度消失问题。更深的神经网络具备更强的特征提取能力。详细的 YOLOv5 主干网络结构如图 5.22 所示。

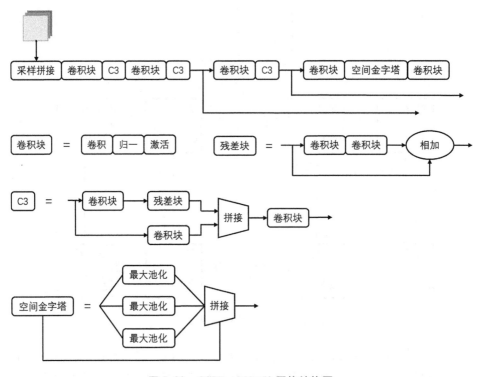

图 5.22   CSPDarkNet53 网络结构图

Focus 网络对输入图像进行隔行采样拼接,类似于进行了一次卷积核大小为 2×2,步长为 2 的二倍下采样。在图像中,通过隔像素取值的方式构成新的独立特征层,将得到的独立特征层进行堆叠,此时,宽高信息就集中于通道信息,输入通道成倍扩充。相比于 Focus 网络处理之前的特征图,新特征图相当于进行了一次二倍下采样,并且没有遗失任何信息,为保证后续的特征提取更加充分起到了重要作用。空间金字塔池化(spatial pyramid poolig, SPP)结构中共有四个分支,前三个分支使用三个并列且池化核大小不同的最大池化进行特征提取,池化核大小分别为 5×5、9×9、13×13,步长为 1。第四个分支是连接输入和输出的短路径分支。SPP 模块可以保证输入特征在四个分支上的高度、宽度、深度一致,并在输出时沿深度方向拼接,极大扩增了网络的感受野。

在 CSPDarkNet53 主干网络的基础上,通过嵌入通道注意力机制和空间注意力机制来提升网络的特征提取能力。通道注意力机制[58]的基本原理为使用卷积神经网络自动学习各个特征通道的贡献度,根据贡献度为每个通道赋予相应的权重系数,由此突出重要特征,弱化不重要的特征。空间注意力机制的原理为基于空间维度,先通过空间转换器将原有特征图中的空间信息转化到其他空间,同时保存重要信息,然后为每个位置生成权重掩码,加权后输出。在空间注意力机制中嵌入一种空间转换器模块,它可以根据空间维度的信息对图像进行对应的空间转换,以增强关键信息,弱化不重要的背景信息,做到有效提取感兴趣区域。

如图 5.23 所示,将通道注意力模块和空间注意力模块以顺序串联的方式结合,即可构成 CBAM(convolutional block attention module,卷积注意力模块)[59],并将其嵌入 YOLOv5 的原始 CSPDarkNet53 网络中。改进后的发动机缸体表面缺陷检测模型的主干提取网络结构如图 5.24 所示。

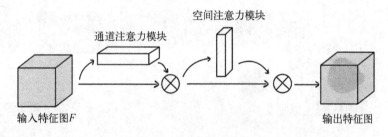

图 5.23　CBAM 结构示意图

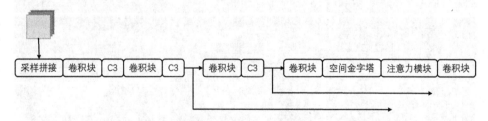

图 5.24　改进后的发动机缸体表面缺陷检测模型的主干提取网络结构

对于主干网络提取出的特征信息,直接将其送入目标检测头中,即可完成缺陷目标的分类和定位。此部分仍基于 YOLOv5 网络,并未进行修改,因此不再赘述。5.2.5 节主要分析发动机缸体表面缺陷检测模型实验检测结果。

5.2.5　结果分析

图 5.25 为发动机缸体表面缺陷检测结果示例。“hole”标签表示凹坑类

缺陷,"bulges"标签表示凸包类缺陷。本节介绍的发动机缸体表面缺陷检测模型对于凹坑和凸包两类发动机缸体铸件表面的常见缺陷具有较高的检测精度。

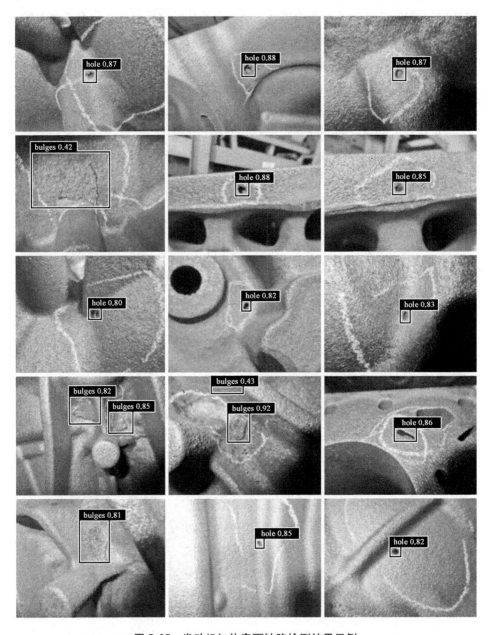

图 5.25　发动机缸体表面缺陷检测结果示例

5.3　小结

废钢智能判级和发动机缸体表面缺陷检测是基于机器视觉和深度学习方法的技术在钢铁领域的两个典型应用。机器视觉,即采用智能设备替代人眼的工作,在钢铁领域,废钢分类及其表面缺陷检测都是目前人工目检主要集中的任务,因此机器视觉在钢铁领域有很大的发展空间。需要注意的是,以目前的硬件及技术的发展水平,基于机器视觉和深度学习的方法仍不能完全替代人力在工业生产任务中的工作。要想真正实现工业领域的智能化生产,仍需要技术和工程两方面的协调发展。

第6章 航空航天领域机器视觉技术的典型应用

6.1 飞机表面缺陷检测

在航空航天领域,飞机表面缺陷识别通常是通过目视检测实现的。这一过程属于劳动密集型,需要操作员解释,缺乏可追溯性,在某些情况下操作烦琐甚至存在危险。目视检测是最基本、最常用的检测方法,一直没有实现智能化,仍然保持传统的检测方式。在对整个飞机进行目视检查时,维修工程师必须使用一些设备,如升降工作台等,如图6.1所示。对于最常见的飞机波音737NG,其升降工作台高度为12.5 m。显然,工作人员站在升降工作台上操作既危险又耗时。此外,工作人员操作时的一个小失误就可能会刺穿机身、机翼及尾翼的外壳[60]。

图6.1 站在移动升降工作台上进行维修

目前,目视检测流程存在以下不足:

(1) 目视检测利用人眼对缺陷进行检测和记录,这是一项劳动密集、乏味且需要长时间完成的工作。

(2) 不一致性。检测结果的检测率、准确率和完整性对人的依赖性很大,存在很高不一致性。在最初的检查中忽略缺陷是很常见的,这些被忽视的缺陷可能会带来沉重的代价。

(3) 记录性文档不足。缺陷文档的记录通常是手写,在不同的操作人员、站点和部门之间传递信息的过程中很容易出错(误写、误读、误解),效率非常低。

(4) 调度瓶颈。维修过程中需要反复进行中检缺陷,确保尽可能低的返修率。在整个维护计划中,需要进行多次重复的中检往往是造成过程瓶颈的关键。

(5) 效率低下。若没有缺陷轮廓的具体参数(如缺陷类型、尺寸、位置以及缺陷与部件设计的相关性等),则维修过程将十分困难,无法满足未来对航空航天部件及其性能的自动化和质量分析。

目前,已经有很多基于机器视觉的技术应用于机身的表面检测。文献[61]设计了一种能够对机身和机翼进行检测的爬壁机器人。该机器人利用真空吸盘在飞机上行走,移动缓慢,很容易下落。文献[62]研究了一种可以像维修工程师一样在地面进行视觉检查的移动机器人。近年来,随着多旋翼无人机技术的发展,一些工程师考虑使用无人机对飞机表面进行检测。文献[63]采用无人机进行目视检测,基于深度学习算法,利用安装在无人机上的工业相机拍摄图像,进而对飞机表面损伤进行检测。在检测期间,无人机沿着机翼和表面预先设计好的路径行驶,并利用无人机上的工业相机获得高分辨率图像。这对于确定损伤区域的确切位置,并与以往的检查结果进行比较具有重要的意义。检查过程是在全球定位系统不工作的机库中进行的,因此检查环境采用内部导航系统。在内部导航系统中,放置在上部区域的工业相机用于检测无人机的位置,利用基于神经网络模型 YOLOv3 的计算机视觉技术实现无人机的实时检测。无人机的三维坐标由安装在墙上的工业相机获取,并传输到无人机的自动驾驶软件中。在计算出三维坐标后,由无人机内部导航系统沿机翼引导,利用深度卷积神经网络在飞机表面检测缺陷及其位置,系统设置如图 6.2 所示。本章主要介绍机器视觉在飞机表面检测方面的应用。

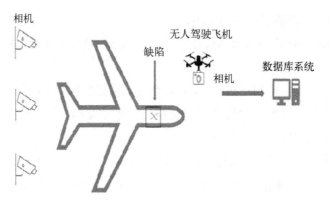

图 6.2 内部全球定位系统和无人机的视觉损伤评估应用

6.1.1 系统组成

飞机表面缺陷检测系统主要由三大模块组成,即图像采集和传输模块、机器人操作系统(robot operating system, ROS)设计模块以及神经网络设计和模型训练模块,如图 6.3 所示。该系统的工作原理为:在某一区域范围内,图像采集和传输模块以树莓派为核心控制器,通过图像采集和传输模块中的图像采集系统对铝合金材料表面进行图像采集,在当前区域检测完毕后,将采集到的图像通过传输控制协议(transmission control protocol, TCP)通信传输到神经网络设计和模

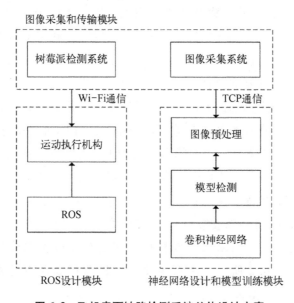

图 6.3 飞机表面缺陷检测系统总体设计方案

型训练模块中。神经网络设计和模型训练模块利用深度学习中设计的卷积神经网络进行数据训练,得到检测模型,将检测模型应用于图像预处理中。此时,利用 OpenCV 对图像采集和传输模块得到的图像进行处理,最终得到缺陷出现的位置。在当前区域检测完毕后,利用 ROS 设计模块的定位和导航功能,驱动运动执行机构工作,并移动到相邻下一块检测区域,直至所有位置都检测完毕。根据上述工作原理可实现飞机表面缺陷检测[64]。

1. 图像采集和传输模块设计

图像采集和传输模块硬件组成如图 6.4 所示,主要包括摄像头和树莓派,其中树莓派作为该模块的处理器,搭建有 Ubuntu 系统,是图像采集和传输模块的重要组成部分。树莓派可以提供普通计算机的功能,并且功耗低,可直接在树莓派上安装 Keil 进行开发,具有很好的开发效果,且运行稳定。摄像机采用以太网与网络交换机相连接,通过摄像机通信模块向交换机发送视频码流,并由树莓派将摄像头拍摄的图片发送至图像处理模块,同时搭载 ROS 实现移动底盘的定位和导航功能。

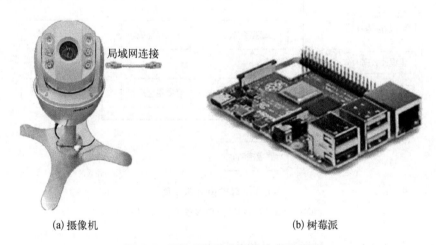

局域网连接

(a) 摄像机　　　　　　　　　　　　(b) 树莓派

图 6.4　图像采集和传输模块硬件组成

2. ROS 设计模块设计

Gmapping 是 ROS 开源社区中较为常用且比较成熟的即时定位与地图构建(simultaneous localization and mapping, SLAM)算法之一,其可以根据移动机器人里程计数据和激光雷达数据来绘制二维的栅格地图。ROS 设计了建图过程中各节点及节点间的话题订阅/发布的关系,如图 6.5 所示。

ROS 提供的 Navigation 导航框架中的 move_base 导航功能包,包括全局路径

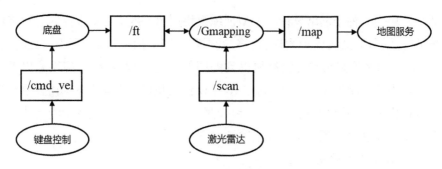

图 6.5 建图节点话题关系

规划和局部路径规划两部分,其在已构建好的地图的基础上,通过配置全局和局部代价地图,从而支持和引导路径规划的实施。通过 amcl 定位功能包进行护理床的位置定位,保证导航结果的准确性,导航框架如图 6.6 所示。

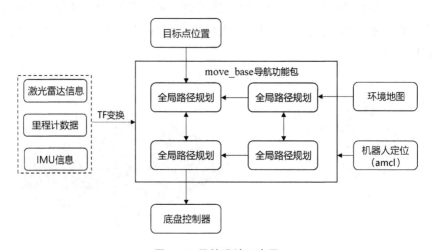

图 6.6 导航设计示意图

IMU 为惯性测量单元;TF 变换为坐标变换

3. 神经网络设计和模型训练模块设计

神经网络设计和模型训练模块设计主要包括图像预处理、模型检测和卷积神经网络三大部分,通过 TCP 进行通信,TCP 通信是一种面向连接的通信,可完成客户端(树莓派)和服务端[个人计算机(personal computer, PC)]的信息传递。

6.1.2 无人机路径规划与执行

与基础设施检测相关的一个具有挑战性的研究方向是覆盖路径规划。覆盖路径规划是计算一个可行路径的过程,该路径封装了一组路径点,机器人必须通过这些路径点才能完全扫描感兴趣的结构,一种无人机自动检测的飞行路线如图 6.7 所示。覆盖路径规划方法主要包括基于模型的方法和非基于模型的方法。随着无人机研究的深入,无人机覆盖路径规划研究近年来取得了实质性进展,任务和路径优化参数的多样性推动了新算法的发展和不同传感器的集成。

图 6.7　无人机自动检测的飞行路线

目前,许多应用于机器人系统的结构检测算法已经得到了验证。在文献[64]中,利用船体多边形网格解决了集合覆盖问题(set covering problem, SCP),生成了由航路点组成的冗余路线图,得到了包含一组静止视图的优化路径。在求解一个带有惰性碰撞检查的旅行商问题(traveling salesman problem, TSP)时,基于 Christofides 近似和链式 Lin-Kernighan 改进启发的方法(Lin-Kernighan heuristic, LKH)实现路径生成[65]。采用改进的快速探索随机树(rapidly-exploring random tree, RRT)[66]算法进行基于采样的改进,以减小路径长度。在文献[67]中,对已知地图使用不同的基于搜索的算法,包括贪婪变量和带有 TSP 算法的集合覆盖,以生成一组提供全覆盖的排序路径点。文献[68]和[69]中采用了基于模型的计划算法,将所需结构的三角形网格作为美术馆问题(art gallery problem, AGP)进行求解并连接,以确定具有最佳配置的路点,并使用 LKH 求解 TSP 的路点。在文献[70]中,考虑到车辆位置的不确定性,生成了优化的覆盖路径,并基于随机轨迹优化方法在线重新计划路径,具体工作包括对简化模型进行随机抽样,以及在未知环境中评估预期的信息增益,以生成实现全覆盖的短路径。

　　本节主要介绍基于自适应视点采样的覆盖路径规划与执行。算法为了集成传感器视场,限制范围和测量误差,需要生成一个优化的路径封装视点,以实现预定义的覆盖。利用参考模型的存在来评估预期的信息增益(IG),从而对之前的工作做出改进[71]。改进工作的主要内容包括自适应视点生成、路径规划和覆盖评估。在自适应采样过程中,以不同的离散化程度迭代生成一组视点。首先,在每个层次上,以未覆盖和精度较低的区域为目标,以更高的分辨率重新采样,直至产生足够的样本,进而保证模型的覆盖率达到所需精度。然后,使用启发式函数生成路径,该函数将 OctoMap 作为概率体积映射表示来评估视点的 IG,充分利用 IG 与传感器测量精度成正比的特性,生成具有更高测量精度的路径。在启发式函数中使用 IG 将路径指向生成更高精度(更低传感器噪声)的视点。最后,通过这些选择的视点集来评估实现的覆盖率和产生的模型分辨率,以说明该方法的有效性。所提出的自适应搜索空间覆盖规划(adaptive search space coverage path planner, ASSCPP)算法生成的覆盖路径除了可以估计分辨率精度,还能有效地对复杂形状进行三维重建,并具有一定的覆盖保证。

　　ASSCPP 算法采用复杂结构网格模型结合无人机上的传感器进行规划与执行。该算法由三部分组成,即自适应视点生成、覆盖路径规划和覆盖评估[71],下面详细介绍。

　　1. 自适应视点生成

　　自适应视点生成的主要目的是生成一组对结构进行高精度全覆盖的视点。该过程包括执行基于位置和方向的离散化及过滤。图 6.8 显示了 π/4 离散方向的示例,并生成相应的传感器视点。两个传感器放置在无人驾驶飞机(unmanned aerial vehicle, UAV)(简称无人机)上,一个传感器放置在无人机顶部,以 6 cm 的平

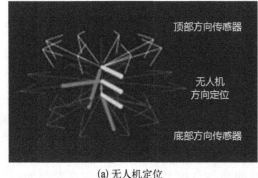

(a) 无人机定位　　　　　　　　　　　　(b) 组成结构

图 6.8　UAV 位置离散化及传感器视点

动和绕 y 轴旋转-20°,另一个传感器放置在无人机底部,以-6 cm 平动和20°的旋转。

为了改善观点生成,以不同的离散分辨率重复统一抽样过程。自适应抽样的主要目的是减少已经覆盖区域中的观点,并将其集中在准确性较低且没有覆盖范围的区域(对应于几何复杂区域)。原始参考模型用于创建参考体素(voxel)占用网格。在每个离散水平上,通过将样品产生的体素占用网格与参考模型生成的体素占用网格进行比较,以识别未覆盖的区域和体素。使用欧几里得聚类将识别到的未覆盖部分划分为区域,该方法利用最近邻域方法和容量占用。通过计算被覆盖区域各点深度误差的标准差来识别精度较低的区域。该部分算法描述了自适应视点生成的流程,其时间复杂度为 $O\left(\dfrac{|C| \times r}{d}\right)$,其中 C 为生成的聚类集合, r 为分辨率, d 为递减因子。自适应采样算法的时间复杂度随着聚类数和分辨率的增加以及衰减因子的减小而增大。

图 6.9 展示了在飞机模型上应用 4.5 m 的初始位置离散化和 $\pi/4$ 方向离散化分辨率的结果。图中,绿色的覆盖区域表示访问所有生成的视点的结果,白色表示没有覆盖的区域。在每个离散化级别上,颜色梯度(绿色)表示所获得的精度,基

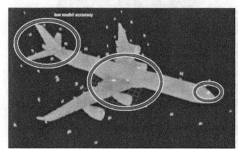

(a) 在4.5 m分辨率下需要重新采样的区域

(b) 在1.5 m分辨率下引入的样本

图 6.9　不同离散化级别效果图

于所使用的传感器噪声模型,从最浅的绿色(高精度)到最深的绿色(低精度)表示精度变化。

2. 覆盖路径规划

覆盖路径规划为 ASSCPP 算法中的另一个重要组成部分。在覆盖路径规划这一阶段,视点生成步骤产生了一个离散的样本空间,以路径点和视点集、目标覆盖率和覆盖容限作为输入和输出提供目标覆盖的轨迹。这组观点提供了自适应采样部分中解释的完整覆盖。下一步是生成通过这些视点的优化路径,利用离散样本与相邻样本之间的图形化连接来生成搜索空间。首先,将获取的点云进行聚类并在内部将每个簇进行连接(基于采样过程中使用的离散化分辨率),然后在外部将每个簇与最近的簇邻域点连接,如图 6.10 所示。一组离散化水平用于执行定期抽样和自适应抽样,以比较生成的视点样本和图连接的数量。

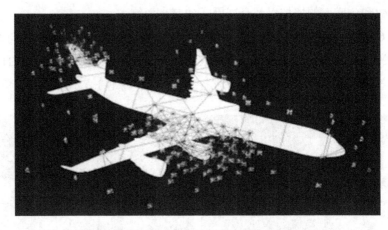

图 6.10   从搜索空间样本生成的可视化蓝色连接

ASSCPP 算法包括一个更新的启发式代价函数,通过更新一个以八叉树表示的概率体积映射来评估路径点的预期 IG。提出的启发式代价函数 R 使旅行距离 σ_d 最小,使 IG 最大。IG 的测量使用熵 E 的概念,它提供了对预期 IG 的估计值。在生成路径时,构建一个以一定分辨率八叉树表示的概率体积图,并迭代更新精度(可见性)概率,利用精度的 IG 最大化表明可以加入不同的不确定性变量来增强视点选择。

采用启发式代价函数对航路点进行评估,选择最小的旅行距离 σ_d,最大的 IG,优点为噪声小、不确定性小以及模型精度高等。通过更新路径点八叉树,获取之前选择的路径点(父)八叉树,并使用提取的可见表面更新的体素概率,在构建的八叉图中计算每个路径点的总熵。然后,将父值和路径点 R 值相加,计算路径点启发式值。这个过程是为父节点所有邻域执行的,以便根据启发式值选择下一个路径点。路径点与其邻域点的连接如图 6.11 所示。

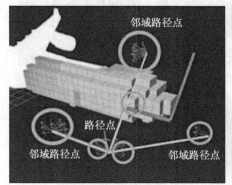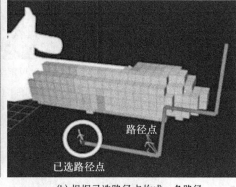

(a) 路径点和邻域路径点的连接　　　　　(b) 根据已选路径点构成一条路径

图 6.11　路径点与其邻域点的连接

3. 覆盖评估

覆盖规划算法通过量化结构覆盖体积与生成路径上预测的 3D 结构体积的百分比来评估覆盖规划算法的优劣。被覆盖体积是指沿着覆盖路径规划算法产生的轨迹覆盖的区域体积。预测体积是通过在每个轨迹航路点对参考模型进行遮挡剔除来测量的,并沿着轨迹累积体积。结构的每一个覆盖和原始体积都由体素网格表示,使用这些体素网格计算覆盖率。

6.1.3　缺陷检测与分析

通过无人机对飞机表面全方位覆盖拍照,可得到足量的飞机表面采集样本。飞机在服役期间会遇到各种各样的工作环境,因此其表面会产生各种类型的损伤。总体来看,可以将飞机表面缺陷分为蒙皮缺陷(蒙皮掉漆、蒙皮裂纹、蒙皮变形、蒙皮撕裂)和铆钉缺陷,如图 6.12 所示。

对现有样本进行分类,并对存在缺陷的样本进行处理,分类完成后统一对样本进行预处理并打上标签。样本预处理流程框架如图 6.13 所示。其中,样品中不合格的图像使用传统图像处理算法进行修复,缺陷样本数据量少的图像使用数据增强方式处理,最后对所有图像进行降采样处理。通过一系列操作后,可得到各类缺陷种类平均的训练样本图,并按 6∶3∶1 的比例将其分为训练集、测试集和验证集。

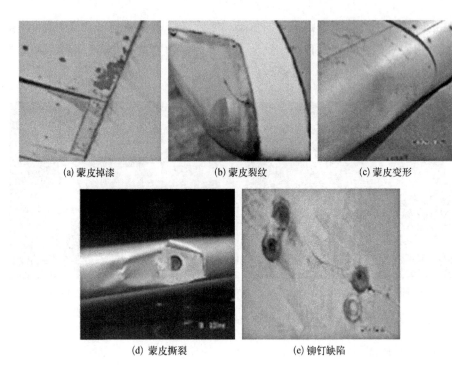

(a) 蒙皮掉漆　　　　　　(b) 蒙皮裂纹　　　　　　(c) 蒙皮变形

(d) 蒙皮撕裂　　　　　　　(e) 铆钉缺陷

图 6.12　飞机表面缺陷分类

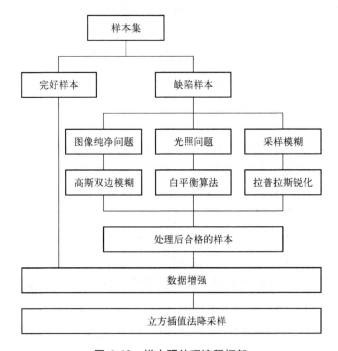

图 6.13　样本预处理流程框架

采用基于 YOLO 算法的 one-stage 方法搭建飞机表面缺陷检测模型,对飞机表面的缺陷种类和位置进行检测。在飞机表面缺陷检测模型运行时,图像输入到训练好的神经网络模型中进行预测,同时预测缺陷位置回归和缺陷种类,只有当两种预测结果都为成功时,才可依据损失函数计算缺陷置信度的输出,该缺陷检测模型会进行多轮预测并输出多个置信度。最后通过非极大值抑制,选出置信度最高的预测结果,作为模型的最终预测结果。飞机表面缺陷检测模型的流程如图 6.14 所示。

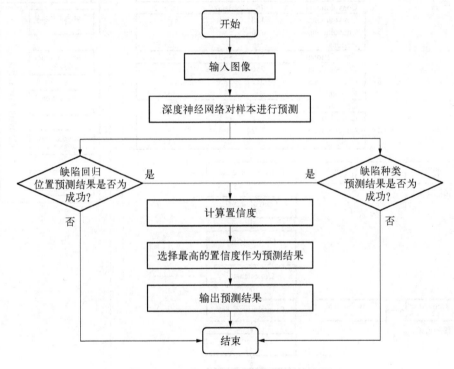

图 6.14　飞机表面缺陷检测模型的流程

飞机表面缺陷检测模型网络结构包含 53 个卷积层,23 个残差层,并使用 Logistic 函数取代池化层、全连接层和 Softmax 层进行缺陷分类。特征提取采用的小卷积核尺寸为 1×1 和 3×3,网络深度可达 129 层,为了避免网络深度过大导致梯度消失,需要在若干卷积层后加一个残差层。飞机表面缺陷检测模型网络结构如图 6.15 所示。

由图 6.15 可知,飞机表面缺陷检测模型网络全部都是由 1×1 和 3×3 的二维卷积层构成的,每个卷积层后面都使用一个批归一化(batch normalization, BN)

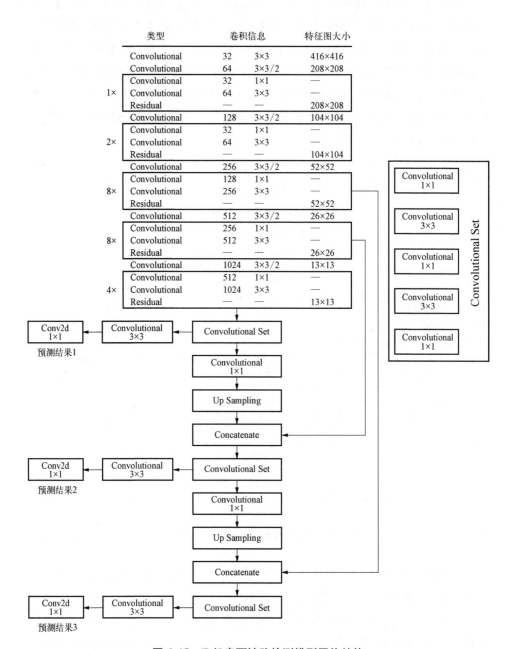

图 6.15   飞机表面缺陷检测模型网络结构

Up Sampling 为上采样；Concatenate 为串联；Convolutional Set 为卷积集；Residual 为残差结构

正则化和一个 LeakyReLU 激活函数,并在几个卷积层后添加残差层。该网络是通过 Logistic 函数而不是通过 Softmax 对目标进行分类的,分类每运行一次会给出三次预测,最后通过非极大值抑制选择置信度最高的结果,其过程如下:

(1)在输入样本图像经过多次卷积之后会通过一个由多个卷积层组成的 Convolutional Set 完成分类并给出预测值;

(2)将输出结果上采样,并使用 Concatenate 与前层卷积后的特征图合并;

(3)通过第二个 Convolutional Set 完成第二次预测,其输出结果重复步骤(1)和(2),通过第三个 Convolutional Set 完成第三次预测;

(4)通过非极大值抑制三个预测值。

飞机表面缺陷检测模型实现目标定位功能的关键为 bounding box 预测机制。该机制通过提取图片的特征将图片平均切割为 $S×S$ 个单元格,若一个分类目标的中心落在某个单元格上,则这个单元格负责预测这个物体。每个单元格需要先生成预选框,再由预选框生成 bounding box。bounding box 预测机制采用 k-means 聚类方法,在大量的样本中为每种不同尺寸的特征图设计了三种预选框。每个单元格需要预测 $B×(4+1)$ 个值再加上 C(物体种类个数)个条件概率。因此,最后网络的输出维度为 $S×S×(B×5+C)$,即每个单元格预测 B 个 bounding box 值和 C 个条件概率。

训练模型的损失函数是整个飞机表面缺陷检测的重要内容,因为该损失函数不仅是对分类目标的迭代,还是 bounding box 坐标的迭代,以及 confidence 的预测和迭代。因此,训练模型的损失函数相较于一般的深度神经网络的平方损失函数和交叉熵损失(cross entropy loss, CE)函数要复杂得多,其公式如下:

$$
\begin{aligned}
\text{loss function} = {} & \lambda_{\text{coord}} \sum_{i=0}^{S^2} \sum_{j=0}^{B} I_{ij}^{\text{obj}} \left[(x_i - \hat{x}_i)^2 + (y_i - \hat{y}_i)^2 \right] \\
& + \lambda_{\text{coord}} \sum_{i=0}^{S^2} \sum_{j=0}^{B} I_{ij}^{\text{obj}} \left[\left(\sqrt{w_i} - \sqrt{\hat{w}_i} \right)^2 + \left(\sqrt{h_i} - \sqrt{\hat{h}_i} \right)^2 \right] \\
& + \sum_{i=0}^{S^2} \sum_{j=0}^{B} I_{ij}^{\text{obj}} (C_i - \hat{C}_i)^2 \\
& + \lambda_{\text{noobj}} \sum_{i=0}^{S^2} \sum_{j=0}^{B} I_{ij}^{\text{noobj}} (C_i - \hat{C}_i)^2 \\
& + \sum_{i=0}^{S^2} I_{i}^{\text{obj}} \sum_{c \in \text{classes}} \left[p_i(c) - \hat{p}_i(c) \right]^2
\end{aligned}
$$

式中，$\lambda_{\text{coord}} \sum\limits_{i=0}^{S^2} \sum\limits_{j=0}^{B} I_{ij}^{\text{obj}} \left[(x_i - \hat{x}_i)^2 + (y_i - \hat{y}_i)^2 \right]$ 表示对预测的中心坐标做损失；

$\lambda_{\text{coord}} \sum\limits_{i=0}^{S^2} \sum\limits_{j=0}^{B} I_{ij}^{\text{obj}} \left[\left(\sqrt{w_i} - \sqrt{\hat{w}_i}\right)^2 + \left(\sqrt{h_i} - \sqrt{\hat{h}_i}\right)^2 \right]$ 表示对预测边界框的宽和

高做损失；$\sum\limits_{i=0}^{S^2} \sum\limits_{j=0}^{B} I_{ij}^{\text{obj}} (C_i - \hat{C}_i)^2 + \lambda_{\text{noobj}} \sum\limits_{i=0}^{S^2} \sum\limits_{j=0}^{B} I_{ij}^{\text{noobj}} (C_i - \hat{C}_i)^2$ 表示对预测的置信

度做损失；$\sum\limits_{i=0}^{S^2} I_i^{\text{obj}} \sum\limits_{c \in \text{classes}} \left[p_i(c) - \hat{p}_i(c) \right]^2$ 表示对预测的类别做损失；(x, y) 为

预测边界框的位置，$(\hat{x}, \hat{y})$ 为从训练数据中得到的实际位置；I_{ij}^{obj} 表示若网格单元 i 中存在目标，则第 j 个边界框预测值对该预测有效，I_{ij}^{obj} 取为 1，若网格单元 i 中不存在目标，则 I_{ij}^{obj} 取为 0；I_{ij}^{noobj} 表示的意义和 I_{ij}^{obj} 相反，若网格单元 i 中不存在目标，则取为 1，否则取为 0；λ_{coord} 和 λ_{noobj} 均为给定的常数，用于损失函数的不同加权部分，通常 λ_{coord} 取为 5，λ_{noobj} 取为 0.5。

训练模型的损失函数分为三部分，第一部分是为了预测输入图像中 bounding box 的大小和坐标；第二部分是为了计算每个 bounding box 的 confidence；第三部分是为了分类预测。

6.1.4　结果分析

将测试集中的数据输入训练好的飞机表面缺陷模型后，其结果如图 6.16 所示。图中，横轴为缺陷种类，纵轴为测试中包含的缺陷种类在飞机表面缺陷检测模型中的识别率，其中蒙皮裂纹、铆钉缺陷的识别率最高，达到 83%，而蒙皮撕

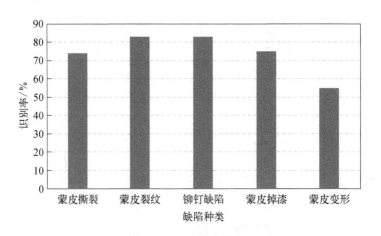

图 6.16　模型测试结果图

裂、蒙皮掉漆的识别率较低,在 74% 左右,而蒙皮变形的识别率最低,仅为 55%。

每训练一个 epoch 就记录一次网络在训练集和测试集中的准确率,终模型在训练集中的准确率为 90.8%,召回率为 80%;在测试集上的准确率为 73%,召回率为 72%。

6.2 飞机发动机叶片表面缺陷检测

航空发动机叶片是航空发动机不可或缺的一部分,它的检测是航空发动机生产过程中一个重要且必不可少的环节,叶片的缺陷可能会导致飞机发动机停止工作,这种故障极具破坏性和危险性。因此,对国产航空发动机叶片的生产提出了更高的要求。在航空发动机叶片生产过程中,缺陷频繁发生,且缺陷规模较小,虽然大多数表面缺陷小于 1 mm,但这非常不利于保证飞机的安全性能。

针对发动机叶片表面的微小缺陷,传统的手动检测方法存在耗时长、劳动密集、效率低等缺点。基于传统的航空发动机叶片的自动检测,近年来发展出了一些无损检测技术,包括射线检测、超声波检测、磁粉检测、涡流检测等。这些方法在航空发动机叶片内部缺陷检测中均取得了较好的效果,但不适用于航空发动机叶片表面缺陷检测。近年来,基于计算机视觉和深度学习的技术得到了迅速发展,应用于缺陷检测等多个领域。该技术在金属表面缺陷的检测中表现出了优异的性能。航空发动机叶片属于金属产品,机器视觉是一个很好的叶片表面缺陷检测的手段。

基于视觉的方法在航空发动机叶片缺陷检测中还未得到良好的应用,这是因为航空发动机叶片表面缺陷较小,如图 6.17 所示,基于视觉的方法容易忽略这些微小缺陷。图 6.17(a)为航空发动机叶片模型,图 6.17(b)为采集的某型航空发动机叶片表面的大尺寸图像,分辨率为 2 448×2 048,图 6.17(c)为航空发动机叶片表面的两种不同尺度的缺陷(凹坑和麻点)。通过池化等一系列降采样操作,基于经典卷积神经网络可以很容易地过滤出微小缺陷区域。此外,随着网络深度的增加,微小缺陷更容易通过卷积和池化操作模糊化。此外,经典方法(如 SSD、YOLO 等)可以忽略不同尺度的缺陷。综上所述,航空发动机叶片表面缺陷检测存在的问题主要包括以下几个方面:

(1)航空发动机叶片表面缺陷相对较小,经典的基于视觉的方法容易忽略缺陷,需要通过降采样操作对微小缺陷特征进行模糊处理。

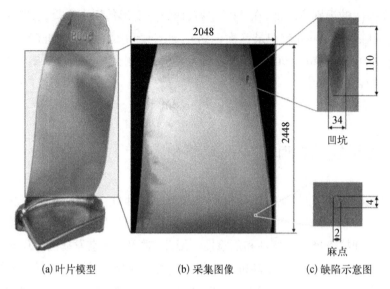

(a)叶片模型   (b)采集图像   (c)缺陷示意图

图 6.17 具有缺陷的航空发动机叶片

（2）捕获的原始图像分辨率高,而单个微小缺陷仅占原始图像的几个像素,很难在整个图像区域内检测到。

（3）航空发动机叶片表面缺陷检测中经常出现尺度变化,这也是传统方法难以检测的问题。

为了快速且准确地确定航空发动机叶片的损坏情况,需要一种具有高精度和高效率的基于视觉的方法,通过搭建粗细化框架来检测大量图像中航空发动机叶片表面的缺陷。

6.2.1 系统组成

飞机发动机叶片表面缺陷检测系统基本组成主要包括图像获取模块、图像处理模块、神经网络分析模块、数据管理及人机接口模块等。

图像获取模块由高分辨率的 CCD 相机、光学镜头、光源及其夹持装置等组成,其功能是完成航空发动机叶片表面图像数据的获取。在光源的照明下,通过光学镜头将产品表面成像于相机传感器上,光信号先转换成电信号,进而转换成计算机能处理的数字信号,数据尺寸为 2 448×2 048。图像处理模块主要涉及图像去噪、图像增强与复原、缺陷的检测和目标分割等。

为了使神经网络分析模块检测不同尺度的缺陷,提出了一种新的主干网络来学习用于缺陷预测的鲁棒特征,该主干网络使用不同大小的核进行特征学习。

此外,为了避免特征模糊,在主干网络中采用少量的池化操作。大多数图像区域属于背景,因此采用一个粗分类模块来滤除无缺陷区域。将提取的缺陷块送入缺陷精细检测模块,对航空发动机叶片表面缺陷进行定位和分类。此外,还设计了一种新型端到端框架训练的损失函数。

本节采用端到端的方式实现框架训练,该方式基于 TensorFlow API。首先,设置动量优化器的速率为 0.9,权重衰减为 0.000 1,初始学习率设为 0.001,迭代 40 000 次后学习率降为 0.000 5。此外,采用随机梯度下降法(stochastic gradient descent, SGD)对模型权值进行优化,CTFL(coarse-to-fine loss,由粗到精的损失)函数的超参数设置是比较重要的,因为它可以直接影响收敛性。在模型训练过程中,γ 设为 2,λ 设为损失函数的 1/2。此外,通过 ImageNet 预训练权重来初始化主干网络。实验环境描述如下:CPU 时钟为 3.70GHz,显卡为 NVIDIA GeForce RTX 2080Ti,内存为 11GB。

6.2.2 缺陷类型分析

航空发动机叶片由于工作环境恶劣和具有复杂性,常会出现缺陷。常见的缺陷形式有缺口、撕裂、凹坑/凸包、划痕和卷曲等。其中,缺口一般表现为压气机叶片的前/后缘区域存在材料损失,在前/后缘区域形成一定深度和宽度的孔洞;撕裂通常被视为最危险的损伤,主要表现形式为压气机叶片受到外物冲击形成剪切力使叶片撕裂,撕裂存在裂纹不扩展和裂纹扩展两种类型,危害性较大;凹坑/凸包主要表现为压气机叶片受到外物冲击造成损伤;划痕分为深划痕和浅划痕,叶片在受到外物冲击时会形成不同深度的划痕;卷曲表现为压气机叶片前/后缘及叶尖处材料发生卷曲变形[72]。

航空发动机叶片表面微小缺陷具体可分为划痕、氧化、麻点、缩进、凹坑、烧蚀、毛刺、擦伤、弯折、应变等,如图 6.18 所示。经常出现的缺陷有划痕、麻点、凹坑、弯折、应变等。研究过程中会将这些微小缺陷纳入模型评价中。

   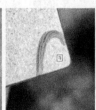 

(a) 划痕　　　　(b) 氧化　　　　(c) 麻点　　　　(d) 缩进　　　　(e) 凹坑

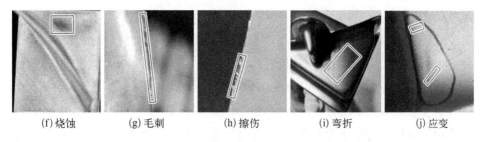

(f)烧蚀　　　　(g)毛刺　　　　　(h)擦伤　　　　(i)弯折　　　　(j)应变

图6.18　航空发动机叶片表面微小缺陷

6.2.3　数据准备与评价指标

1. 数据准备

所有的缺陷都是由经验丰富的专家标记的。图6.19给出了单个航空发动机叶片表面四个区域的高分辨率原始图像。首先,将收集到的原始图像裁剪成更小的尺寸,以适用于网络训练。然后,根据图像级别将裁剪后的区域分为缺陷区域和正常区域,这种图像分类模式是为了适应粗分类器的模块训练,即过滤出背景区域。其次,通过缺陷级手工提取缺陷进行精细标注。航空发动机叶片在生产过程中存在10种缺陷,但大多数缺陷很少发生,因此本节选择5种缺陷进行模型评估,即凹坑、麻点、划痕、弯折、应变,这5种缺陷占全部缺陷的80%以上。最后,将标记好的图像分为训练集、验证集和测试集。

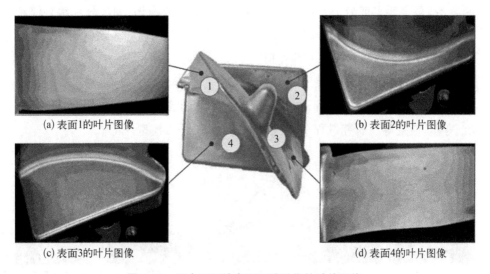

(a)表面1的叶片图像　　　　　　　　　　　　　　(b)表面2的叶片图像

(c)表面3的叶片图像　　　　　　　　　　　　　　(d)表面4的叶片图像

图6.19　四个不同的表面区域采集的叶片图像

其中,原始图像采集于 5 000 个航空发动机叶片表面,包括 2 000 张分辨率为 2 448×2 048 的大尺寸图像。经过图像裁剪处理后,有 32 000 张较小的图片。为了避免训练数据不平衡导致过拟合,网络训练中使用的正常数据的数量应与缺陷数据的数量相等。因此,总共有 24 848 张裁剪后的图像,其中正常图像有 12 424 张,缺陷图像有 12 424 张,选择这些图像进行训练、验证和测试。随机选取 80% 的数据进行训练,随机选取 10% 的数据进行验证,随机选取 10% 的数据进行测试。

2. 评价指标

为了检验航空发动机叶片表面缺陷检测系统的性能,引入一些常用的指标,包括准确率 A、精确度 P、召回率 R 和评分 F1。准确率 A 表示正确预测的缺陷数量与全部检测到的缺陷数量的比率。精确度 P 表示真性检测的比率,召回率 R 表示正确预测缺陷数量与总阳性的比率。评分 F1 用于对精确度 P 和召回率 R 的平均值进行加权,其中将假阳性和假阴性考虑在内。具体地,这些指标计算公式如下:

$$A = \frac{TP + TN}{TP + FP + FN + TN} \tag{6.1}$$

$$P = \frac{TP}{TP + FP} \tag{6.2}$$

$$R = \frac{TP}{TP + FN} \tag{6.3}$$

$$F1 = \frac{2RP}{R + P} \tag{6.4}$$

式中,TP 为真阳性;FN 为假阴性;FP 为假阳性;TN 为真阴性。真阳性表示正确预测的阳性;假阴性表示错误预测的阴性;假阳性表示错误预测的阳性;真阴性表示正确预测的阴性。

6.2.4　深度学习模型

航空发动机叶片图像缺陷检测框架如图 6.20 所示,其由用于特征学习的主干网络、用于含有缺陷图像提取的粗分类器以及用于故障分类和定位的精细检测器组成。此外,Loss Function 用于端到端训练。

1. 由粗到细框架

所捕获的图像分辨率高,采用分形学习算法会导致内存不足,计算复杂度增大。为了解决这一问题,将分辨率为 2 448×2 048 的原始图像裁剪为 612×512 的

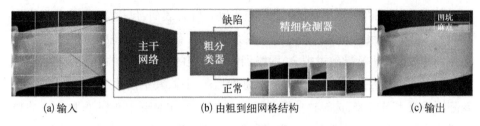

图 6.20 航空发动机叶片图像缺陷检测框架

小图像。具体来说,单个原始图像可以被裁剪成 16 个小图像,以适用于训练和测试过程。

采集到的最多的图像区域属于背景,若将它们输入深层网络中,会导致计算复杂度增大。目前,最先进的目标检测框架[73]仅对整个图像进行预测,且计算过程非常复杂。为了在不降低航空发动机叶片表面精度的情况下实现快速缺陷检测,构建一种新的端到端框架,该框架由粗到细,如图 6.21 所示。

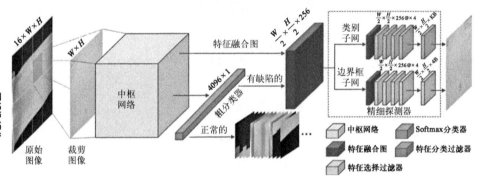

图 6.21 缺陷检测框架的体系结构

(1)原始图像被裁剪成较小的图像,并输入主干网络进行特征学习。但航空发动机叶片表面缺陷多为小缺陷,由于插入了很多降采样操作,如池化等,传统的基于学习的方法很容易漏检。为了避免因卷积和池化操作导致微小缺陷的特征模糊,提出一种比传统网络池化层更少的主干网络。采用不同尺寸的核函数学习缺陷多尺度特征,然后对多尺度核学习到的特征图进行拼接和卷积运算。

(2)将学习到的最后一层特征图输入粗分类器中,基于 Softmax 模型判断图像是否存在图像级缺陷。该模块的功能是减少计算复杂度,大部分背景区域都已被过滤,若将无缺陷的样品划分为缺陷样品,则送入精细检测模块进行更深入的分析。因此,最后一部分 fine detector 模块也可以过滤缺失的分类。缺陷分析缺乏精细的分类和定位,因此将该部分定义为粗模块。

(3) 在粗分类后选择缺陷进行进一步的预测,包括缺陷定位和精细分类。该模块的输入是最后融合的主干网络特征图,具有较高的分辨率。由于采用粗分类器进行背景滤波,大大减少了该模块的计算量。此外,由于粗分类器模块过滤了大部分背景干扰,精度会明显提高。网络最终输出的是已定位且分类缺陷的图像,并将其标记在图像中。该网络实现了航空发动机叶片表面图像的缺陷检测,具有较高的精度和效率。

2. 主干网络

大多数航空发动机叶片表面缺陷的尺寸很小,在大尺寸图像中只占用几个或几十个像素。此外,由于池化操作,经典主干网络[74]的特征映射分辨率大大降低,导致微小缺陷的检测性能较差。为此,本节设计了一种新型主干网络,它具有少量的降采样操作,如池化等,微小的缺陷很容易通过池化和卷积操作过滤掉。此外,有些缺陷属于不同尺度。为了提高缺陷在不同尺度下的检测精度,先使用三种不同大小的卷积核进行特征映射学习,不同大小的卷积核对不同尺度的缺陷敏感;然后将不同卷积核学习到的特征图连接;最后进行卷积运算,将拼接后的 feature map 压缩到固定深度,如图 6.22 所示。

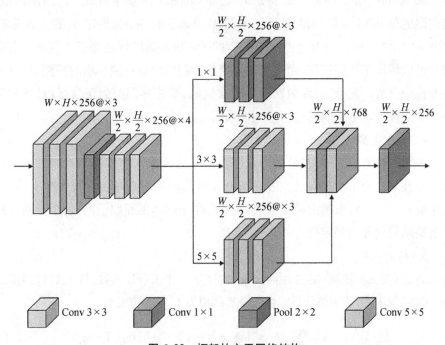

图 6.22　框架的主干网络结构

其中,前三层卷积层保持与原始输入图像相同的分辨率,卷积核的大小在3×3 以内,然后执行一个 2×2 的池化操作,过滤掉无用信息,减少计算量。在池化操作之后,特征图分辨率下降到原始输入图像的 1/2,再进行 3 次卷积运算,大小为3×3,接着执行 3 个并行卷积运算分支,分别由 1×1、3×3 和 5×5 大小不同的卷积核来实现。具体来说,每个分支包含三个卷积层。然后,将不同内核学习到的特征映射进行连接。最后,通过 1×1 卷积运算将拼接后的特征映射压缩到256 的固定深度。该流程可以建模为

$$X_f = \psi_f [\chi_i (F_i)] \qquad (6.5)$$

式中,χ_i 为源特征映射拼接前的变换函数;F_i 为特征映射拼接前的变换函数;i为分支标签;ψ_f 为特征映射融合函数;X_f 为融合特征映射。

3. 粗分类器

航空发动机叶片表面原始图像的分辨率极高,且大多数图像区域属于背景。因此,若将所有的图像区域直接送入精细检测模块,则会导致计算成本大幅提高。为此,增加一个粗分类器模块过滤掉大部分的背景区域。由于 90%以上的区域属于背景,该模块可以节省 70%左右的缺陷检测计算量。粗分类器由全连通层和 Softmax 函数组成[75]。特别地,使用 Softmax 函数作为最后的激活函数,将网络的输出归一化到预测类上的概率分布。其中,全连通层的分辨率在4 096×1 以内。Softmax 功能决定被裁剪的区域是缺陷区域还是正常区域。若裁剪后的区域属于缺陷区域,则送入物体精细检测模块进行进一步的预测,包括定位和精细分类。此外,若裁剪区域不包含缺陷,则将其归类为正常区域,然后下一个补丁被送入主干网络进行另一个预测。

4. 细分类器

在粗分类完成后,将被分类为缺陷区域的区域送入物体精细检测模块进行进一步预测。为了实现对航空发动机叶片表面缺陷的高精度定位和分类,在框架中嵌入了一个对象精细检测模块,包括分类子网和框回归子网,两个子网分别负责缺陷精细分类和定位。

5. 损失函数

为了实现端到端框架的鲁棒训练,构建了一个 CTFL 函数,该函数包括两部分。CTFL 函数的第一部分是图像级分类的损失 L_{cls},其定义为

$$L_{cls}(q_i, q_i^*) = \sum_i [-q_i^* \log(q_i) - (1 - q_i^*) \log(1 - q_i)] \qquad (6.6)$$

式中，i 为一个训练批中被裁剪区域的数量；q_i^* 为分类准确性标签，若裁剪区域的标签为正，则将其设置为 1，若裁剪区域的标签为负，则将其设置为 0；q_i 为预测标签。

CTFL 函数的第二部分是缺陷定位和精细分类的损失，缺陷区域相对较小会导致前景-背景等级极度失衡，进而可能会导致对象精细检测器在训练过程中过拟合。为此，采用 Focal Loss 函数对探测器进行训练[76]，定义为

$$\text{FL}_P = \sum_i \left[-(1 - P_j)^\gamma \log(P_j) \right] \tag{6.7}$$

式中，j 为训练批次中缺陷样本的数量；γ 为可调聚焦参数，$\gamma \geqslant 0$；P 定义为

$$P = \begin{cases} p, & y = 1 \\ 1 - p, & y \neq 1 \end{cases} \tag{6.8}$$

式中，$p \in [0, 1]$ 为模型对于标签为 $y = 1$ 的类的估计概率。

大部分裁剪区域属于负向裁剪区域，因此前景类和背景类不平衡不可避免地会导致过拟合。为此，在损失函数中加入了平衡参数 λ，公式为

$$\text{CTFL}(q_i, P_j) = \text{FL}_P + \lambda L_{\text{cls}}(q_i, q_i^*) \tag{6.9}$$

式中，$\lambda \in [0, 1]$。具体而言，λ 越大，粗分类的准确率越高，而缺陷精细检测的准确率越低。

6.2.5　结果分析

航空发动机叶片的检测结果[77]如图 6.23 所示。图 6.23(a) 为 4 个需要检查的区域的航空发动机叶片；图 6.23(b) 为捕获的原始图像区域的划分；图 6.23(c) 为缺陷检测的粗分类结果，图中 Ⓝ 表示归为正态的区域，Ⓓ 表示归为缺陷的区域；图 6.23(d) 为航空发动机叶片 4 个表面区域的缺陷定位和精细分类结果。

1. 主干网络对比

为了更好地理解航空发动机叶片表面图像特征学习主干网络，分别使用 Faster R-CNN 和由粗到细框架对数据集进行一系列的烧蚀研究。

在本研究中，比较用于对象检测的经典主干网络，包括 VGG-16、VGG-19、ResNet-50、ResNet-101 和 GoogleNet 等，这些主干网络主要应用于目标检测。比较这些主干网络是为了验证本节使用的主干网络对于大图像微小缺陷检测的

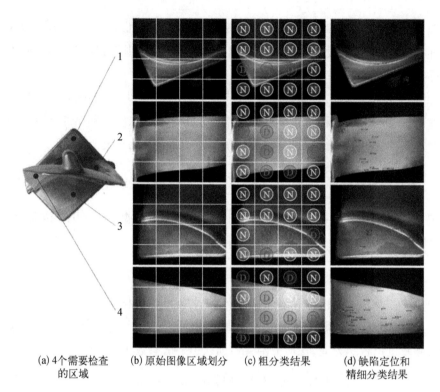

| (a) 4个需要检查 | (b) 原始图像区域划分 | (c) 粗分类结果 | (d) 缺陷定位和 |
| 的区域 | | | 精细分类结果 |

图 6.23　某航空发动机叶片的检测结果

有效性。基于 Faster R-CNN 的基线网络和由粗到细框架比较如表 6.1 所示。本节提出的主干网络在航空发动机叶片表面缺陷检测方面的准确率、精确率、召回率和评分 F1 都是最高的。具体而言,将本节提出的主干网络嵌入 Faster R-CNN 中,准确率可以达到 87.4%,精确率可以达到 89.9%,召回率可以达到 95.5%,评分 F1 可以达到 92.6%,均优于经典方法。主干网络性能的提升是因为采用了更少的降采样操作,对特征学习应用不同的卷积核的操作也有助于进一步增强学习到的特征映射的表示。

表 6.1　基于不同基线缺陷检测结果比较

基线网络	主干网络	测试数据集数量	分辨率	准确率/%	精确率/%	召回率/%	F1/%
Faster R-CNN	VGG-16	200	2 448×2 048	72.1	73.6	78.9	76.2
	VGG-19	200	2 448×2 048	73.5	74.7	79.7	76.8
	ResNet-50	200	2 448×2 048	75.9	77.4	81.8	79.5

续　表

基线网络	主干网络	测试数据集数量	分辨率	准确率/%	精确率/%	召回率/%	F1/%
Faster R-CNN	ResNet-101	200	2 448×2 048	76.2	78.1	82.0	80.0
	GoogleNet	200	2 448×2 048	78.6	79.8	83.1	81.4
	本节使用的	200	2 448×2 048	**87.4**	**89.9**	**95.5**	**92.6**
由粗到细框架	VGG-16	200	2 448×2 048	75.6	77.2	80.3	78.7
	VGG-19	200	2 448×2 048	77.0	78.6	80.6	79.6
	ResNet-50	200	2 448×2 048	79.2	80.9	82.0	81.4
	ResNet-101	200	2 448×2 048	80.3	81.3	82.7	82.0
	GoogleNet	200	2 448×2 048	81.9	82.7	83.6	83.1
	本节使用的	200	2 448×2 048	**93.5**	**94.8**	**96.1**	**95.4**

2. 粗分类器比较研究

为了过滤掉大部分的背景区域,本节设计了一种粗分类器模块。该模块可以大量减少计算量,提高航空发动机叶片表面微小缺陷检测的精度。为了验证该模块的有效性和效率,将使用粗分类器模块的网络与 RetinaNet 进行比较。此外,二者的比较基于构建的主干网络和精细检测模块的基线,从准确性和效率两个方面对网络的性能进行评价。在 RetinaNet 训练过程中,将特征图直接输入精细检测模块。分类器的评估结果如表 6.2 所示,使粗分类器模块的网络在单个大图像的微小缺陷检测中,准确率可达到 91.7%、精确率可达到 94.2%、评分 F1 可达到 94.7%、平均反应时间可达到 59 ms,取得了较好的结果,并在 200 个测试数据集上进行了测试。大部分图像区域属于背景,可以被粗分类器模块过滤掉,所以本节使用的主干网络比 RetinaNet 快 3 倍。但由于该模块过滤掉了多幅含有缺陷的图像,粗分类器的召回率从 95.8% 降低至 95.3%。

表 6.2　分类器的评估结果

目标检测网络	粗分类器	测试数据集数量	分辨率	准确率/%	精确率/%	召回率/%	F1/%	平均反应时间/ms
本节使用的	不包含	200	2 448×2 048	91.0	92.7	95.8	94.2	186
RetinaNet	包含	200	2 448×2 048	**91.7**	**94.2**	**95.3**	**94.7**	**59**

3. 细分类器比较研究

为了实现高精度的微小缺陷检测,本节设计了一种精细检测模块。精细检测模块用于对缺陷图像进行定位和分类,缺陷图像由粗分类器模块进行选择。为了测试精细检测模块在裁剪缺陷图像时的缺陷检测性能,将 Faster R‑CNN、YOLOv4、Cascade R‑CNN 和 RetinaNet 进行比较。为了保证公平,这些主干网络采用同一个训练和测试方案。实际上这些网络都是基于使用的特征学习网络,测试过程是基于测试集实现的。

基于不同目标检测方法进行缺陷检测结果比较如表 6.3 所示,本节使用的主干网络使用了精细检测模块,其检测结果在准确率(93.5%)、精确率(94.8%)、召回率(96.1%)和评分 F1(95.4%)方面均优于经典的主干网络。这是因为精细检测模块中使用更少的下采样操作。此外,更深层次的卷积层有助于改进学习到的特征映射的表示,用于缺陷分类和回归预测。

表 6.3　基于不同目标检测方法进行缺陷检测结果比较

目标检测网络	测试数据集数量	分辨率	准确率/%	精确率/%	召回率/%	F1/%
Faster R‑CNN	2 484	612×512	72.1	73.6	78.9	76.2
YOLOv4	2 484	612×512	75.9	78.7	80.3	79.5
Cascade R‑CNN	2 484	612×512	77.0	79.1	82.9	81.0
RetinaNet	2 484	612×512	77.5	78.5	79.6	79.0
本节使用的	2 484	612×512	**93.5**	**94.8**	**96.1**	**95.4**

6.3　小结

在计算机科学和高性能硬件设备的驱动下,机器视觉技术得到了前所未有的发展。总体而言,机器视觉技术已成为结构损伤检测领域最具潜力的发展方向,特别是在人工智能技术的推动下,智能视觉技术有望大规模替代人工目视,应用于结构表面损伤的快速精细化检测。目前,深度神经网络特别是图像识别和目标识别方面的工程应用,是各行各业研究的热点问题。因此,将基于深度神经网络的目标识别模型应用于航空航天领域的检测是未来智能化、无人化的一个重要研究方向,有非常大的研究价值。

机器视觉在航空检测领域的发展趋势如下:

(1)突破基于 CNN 的小缺陷检测技术瓶颈将变得更加重要。现有的经典 CNN 模型以降低分辨率为代价获得语义抽象表达能力。因此,深度学习并不擅长小目标检测。但在实际工业生产及重大质量检测中,小缺陷占绝大多数,这就需要对经典的 CNN 进行精细化,以满足小缺陷检测任务的需要。

(2)少样本学习和迁移学习将在产业研究中更具吸引力。但是,采集到足够支持学习的工业数据的成本很高。例如,现实中很难采集到大规模的产品缺陷图像,这就意味着会产生大量的不合格产品,实际情况往往是仅有少量累积的缺陷样本进行训练。因此,传统的机器学习很难达到令人满意的性能。少样本学习和迁移学习是解决这一问题的关键技术。

(3)用于深度学习模型的轻量级网络将更容易部署在工业应用中。在生产线质量检测或工业维修监控中,用于支持人工智能计算的加工资源往往是有价值的。这种轻量级的网络可以有效减少预测系统的工作量,有利于终端的简单部署,还可以大大降低成本。

(4)研究工业视觉领域更加普及和通用的算法,可大大降低开发成本,缩短开发周期。广义缺陷检测模型可以更快地应用于更广泛的工业任务场景。具体地,深度学习模型的主干网络结构不变,只替换训练样本。这种简单高效的方式将更容易被大多数工业企业所接受[78]。

第7章 复合材料领域机器视觉技术的典型应用

机器学习的整个过程在第 4 章中已经详细介绍,每个数据挖掘环节中都可以使用第 4 章中介绍的组件。机器学习的过程较为复杂,在实际应用中应将复杂的机器学习流程串联在一起。本章主要介绍复合材料领域机器视觉技术的典型应用,以及如何使用机器学习算法来解决问题。

7.1 预制体经纬线密度检测

三维编织复合材料[60]是从 20 世纪 80 年代发展起来的,它的诞生主要是为了克服传统复合材料受力后易分层的问题。三维编织复合材料是利用编织技术将经向、纬向及法向的纤维束(或纱线)编织成一个整体,即预成型结构件(简称预制体),然后将预制体作为增强材料进行树脂浸渍固化而形成复合材料结构。增强纤维在三维空间为多向分布,可以阻止或减缓冲击载荷作用下复合材料层间裂纹的扩展,使得复合材料性能大幅提升。

三维编织复合材料因其具有整体复杂的空间纤维结构,显著地提高了材料的比强度和比刚度,从根本上克服了传统层和复合材料层间强度低、易分层等致命弱点,使其具有优良的力学性能,如良好的抗冲击损伤性能、耐疲劳性能和耐烧蚀性能等。此外,三维编织复合材料还具有结构整体性好、可设计性强等诸多优点,受到了工程界的普遍关注,成为航空航天、能源、重大战略装备、轨道交通、汽车轻量化、碳/碳复合材料、城市基建、生物医疗、体育用品等领域的重要结构材料。

三维编织预制体结构具有整体性、不分层的特点[79],结构中纱线连续且伸直度好,有利于材料在受力时均匀承受载荷。此外,三维编织技术可以一次性整体编织复杂连接件,不需要进行二次加工,既可满足性能方面的高需求,也可大大减小构件的重量。因此,三维编织复合材料在制作承力结构件、复杂结构连接件时具有明显的优势,典型产品如工字梁、T 型梁、高性能复合材料管件、汽车传动轴、飞机起落架、螺旋桨、大曲率机骨架、机翼、飞机蒙皮、飞机进气道、航空发动机机匣等,还有一些异型接头,如卫星桁架、耳片结构、多通接头等。我国首颗探月卫星"嫦娥一号"的空间桁架结构连接件就采用了三维编织复合材料。

随着业界对航空发动机燃油效率和碳排放要求的不断提高,航空发动机设计采用的涵道比不断增大,风扇部件尺寸随之增大,这使得风扇段的质量占发动机总质量的比例不断增大。采用复合材料制造风扇叶片可以减小风扇及发动机的重量,提高叶片的比刚度、疲劳性能、损伤和缺陷容限等,发动机风扇部件采用先进复合材料是同时实现更高涵道比和减重的唯一途径。

通过三维编织来改进风扇叶片预制体性能是目前研究的热点[80]。随着复合材料风扇叶片制造技术的不断发展,中等推力发动机对风扇叶片提出了尺寸更小、重量更轻、强度更高的要求。随着强度要求的提高,风扇叶片预制体的质量制造要求也进一步提高。在风扇叶片预制体制造过程中,其表面的经纬密度是重要的质量指标之一。传统的经纬密度检测采用人工标定,但人工标定耗时费力,且严重依赖于检测人员的主观认定性,这会对飞机发动机风扇叶片最终的制造质量产生一定的影响。

7.1.1　系统组成

预制体经纬线密度检测系统结构如图 7.1 所示。整个系统分为图像采集系统和数据分析系统两部分,数据分析系统又可分为数据预处理、网络训练、密度计算三部分。

1) 图像采集系统

研发一套碳纤维风扇叶片预制体表面图像采集系统,其硬件主要由高分辨率工业相机、辅助系统(如光源、电源等)及固定工装等组成。高分辨率工业相机用于实时获取碳纤维风扇叶片预制体的表面图像数据,其具有较高的分辨率和较大的视场,以两列三行的形式布置六个相机即可一次性采集整个碳纤维风扇叶片预制体的图像数据。

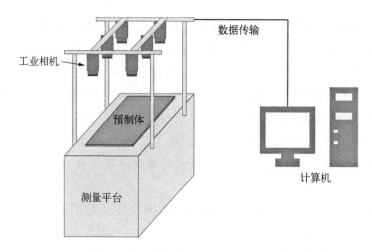

图 7.1　预制体经纬线密度检测系统结构

2）数据分析系统

（1）数据预处理。预制体原始图像普遍存在亮度低、对比度差、边缘特征不明显等问题，这些问题不仅会造成数据标注困难，而且明显不利于算法识别。本节通过 Gamma 校正、对比度增强和图像滤波等方法，建立了一个预处理统一模型，用于对预制图像原始数据进行预处理，实现了提高预制体原始图像质量和增强特征的目标，为预制体经纬线密度自动化检测奠定了基础。

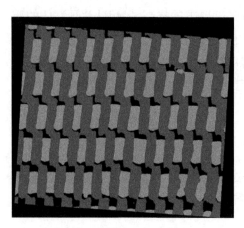

图 7.2　旋正后的预制体

（2）网络训练。设计分割网络，识别出每根经纬线，用于后续的密度计算，具体的网络设计在 7.1.3 节详细介绍。

（3）密度计算。首先将图片旋转至水平位置，如图 7.2 所示，然后根据密度计算公式计算经纬密度。

7.1.2　检测指标与定义

本节先介绍预制体经纬线密度的相关定义。

（1）经密：经线密度简称经密，指的是经向（同叶片径向）纱线在单位长度内的根数，单位为根/cm。

（2）纬密：纬线密度简称纬密，指的是纬向（同叶片弦向）纱线在单位长度内的根数，单位为根/cm。

（3）经纱：经向纱线简称经纱，指的是与生产线方向平行的纱线，经纱示意图如图 7.3 所示。

（4）纬纱：纬向纱线简称纬纱，指的是与生产线方向垂直的纱线，纬纱示意图如图 7.3 所示。

现有检测方法原则：手工经纬线密度检测方法遵循"定根数，读长度"的原则。在测量经密时，量尺刻度边缘与某根纬纱平行放置，确保量尺刻度边缘与纬纱边缘重合，0 刻线与起测经纱一侧边缘重合，连续计数规定经纱根数 n 后，读取第 $n+1$ 根经纱同侧边缘刻度值 a，经计算得到经密为 a/n 根/cm。

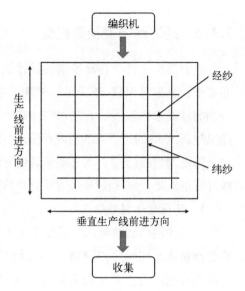

图 7.3　经纱和纬纱示意图

同理，在测量纬密时，量尺刻度边缘与某根经纱平行放置，确保量尺刻度边缘与经纱边缘重合，0 刻线与起测纬纱一侧边缘重合，连续计数规定纬纱根数 m 后，读取第 $m+1$ 根纬纱同侧边缘刻度值 b，经计算得到纬密为 b/m 根/cm。图 7.4 为纬密度读数示意图。

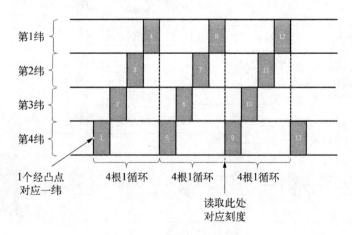

图 7.4　纬密度读数示意图

7.1.3　经纬线密度检测模型

本节提出一种全自动预制件经纬线密度测量框架,该框架由纱线检测部分和密度计算部分组成,还提出一种基于深度学习的纱线分割算法,通过检测每段分割的纱线来提取纱线。在密度计算阶段,首先需要定位纱线的边界,但预制件随机倾斜,纱线的边界不能精确定位,这会导致计算的纱线密度不正确。为了解决这个问题,本节提出了一种多级旋转的方法来矫正图像。首先,通过提取的分割纱线进行粗旋转,然后通过聚类方法合并相同的纱线,最后进行微调旋转。

1. 经纬线分割网络

针对预制体图片经纬织线变化微小,肉眼很难发现织线变形的特点,构建相应的预制体经纬线分割网络,并针对前端获取的图像传感信息进行实时分析。经纬线分割网络主要由编码网络(encoder)和解码网络(decoder)两部分组成。encoder 的主体是带有空洞卷积的深度卷积神经网络(dynamic convolution neural network, DCNN),采用带有空洞卷积的空间金字塔池化(atrous spatial pyramid pooling, ASPP)模块[81],引入多尺度信息;而 decoder 模块可以将低层特征与高层特征进一步融合,提升分割边界的准确度。预制体经纬线分割网络通过 encoder-decoder 进行多尺度信息的融合,同时保留原来的空洞卷积和 ASPP 层,其主干网络使用 Xception 模型,可提高分割的健壮性和运行速率。预制体经纬线分割网络结构如图 7.5 所示。

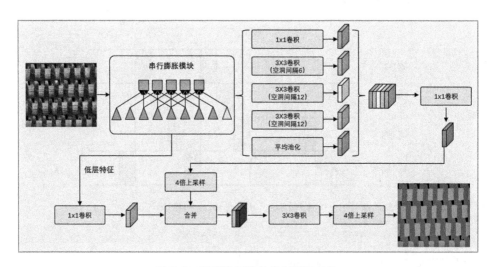

图 7.5　预制体经纬线分割网络结构

2. 经纬线密度计算

本节为预制体经纬线密度计算提供了准确的自动计算方法,具体通过以下步骤实现:

(1) 根据深度学习分割纬线后的图像,采用 OpenCV 的 findContours 方法提取合适的分段纬线轮廓;

(2) 根据提取出的轮廓的外接矩形的倾斜角旋正图像;

(3) 根据旋正后的图像提取出每条完整的纬线;

(4) 根据原始带标定物的图像计算物理半径与像素半径的比值 K;

(5) 根据纬线轮廓和 K,计算预制体经纬线密度。

根据深度学习分割纬线后的图像,采用 OpenCV 的 findContours 方法提取完整合适的轮廓[82]包括以下步骤:

(1) 对图像进行灰度化,定义结构元素,进行开闭运算,求出二值图;

(2) 采用 findContours 方法对二值图寻找轮廓;

(3) 根据给定轮廓周长的阈值($\tau_{\min} = 180$,$\tau_{\max} = 180$)筛选完整的纬线轮廓。

根据提取出的轮廓的最小外接矩形的倾斜角旋正图像包括以下步骤。

(1) 将提取出的纬线轮廓包含的像素点合并成一个轮廓点集 P_{cnts}。

(2) 对点集求出最小外接矩形,并计算矩形的倾斜角度。

(3) 根据倾斜角度旋正图像,旋转矩阵如下:

$$M = \begin{bmatrix} \alpha & \beta & (1 - \alpha) \cdot c_x - \beta \cdot c_y \\ -\beta & \alpha & \beta \cdot c_x + (1 - \alpha) \cdot c_y \end{bmatrix} \tag{7.1}$$

$$\alpha = \mathrm{scale} \cdot \cos\theta, \quad \beta = \mathrm{scale} \cdot \sin\theta \tag{7.2}$$

$$\theta = \frac{\sum_{i=1}^{N} \theta_i}{N} \tag{7.3}$$

式中,(c_x, c_y) 为外接矩形的中心点坐标;θ 为外接矩形的倾斜角度;scale 为缩放尺度,这里为 1。

根据所述旋正图像,提取出每条完整的纬线包括以下步骤:

(1) 根据旋正后的图像提取轮廓;

(2) 计算每个轮廓的中心坐标;

(3) 根据轮廓中心坐标的 y 值,采用差值聚类方法合并出每条完整的纬线。

根据原始带标定物的图像计算物理半径与像素半径的比值 K 包括以下步骤。

（1）提取出标定物的轮廓。

（2）确定轮廓的半径。

（3）计算标定物理半径与像素半径的比值 K，公式如下：

$$K = \frac{r_{\text{act}}}{r_{\text{pix}}} \quad\quad (7.4)$$

式中，r_{act} 为标定物真实的物理半径；r_{pix} 为图像中标定物的像素半径。

接下来根据纬线轮廓和 K，计算预制体纬密和经密，具体如下。

（1）纬密计算：根据完整的纬线轮廓计算每条纬线的开始边，表达式为

$$\rho_{\text{lat}} = \frac{(y_{\text{s}} - y_{\text{e}})/K}{n_{\text{lat}}} \quad\quad (7.5)$$

式中，n_{lat} 为需要测量的纬线条数；y_{s} 为第一条纬线的开始边最顶点的 y 值；y_{e} 为第 $n_{\text{lat}} + 1$ 条纬线的开始边最顶点的 y 值。

（2）经密计算：根据纬线轮廓计算每条纬线开始和结束纬线段的中心点，经线距离表达式为

$$d = \sqrt[2]{(cx_{\text{s}} - cx_{\text{e}})^2 + (cy_{\text{s}} - cy_{\text{e}})^2} \quad\quad (7.6)$$

式中，一条完整的纬线开始和结束纬线段的中心点分别为 $(cx_{\text{s}}, cy_{\text{s}})$、$(cx_{\text{e}}, cy_{\text{e}})$。

根据式(7.7)计算经密：

$$\rho_{\text{lon}} = \frac{d/K}{n_{\text{lon}}} \qu\quad\quad (7.7)$$

式中，n_{lon} 为一条纬线中经过的经线条数。

上述方法可以有效降低预制体经纬密度计算的难度，填补预制体经纬密度自动计算技术的空白，提高预制体经纬密度计算的效率和准确率。

7.1.4 结果分析

1. 密度结果

为了验证本节提出方法的有效性，使用一些预制体图像进行测试，测试结果如表7.1所示。表中，d_{mer} 为经线之间的距离，d_{par} 为纬线之间的距离。

表 7.1 密度结果

预 制 体	本节提出方法的测量值	
	纬密/(根/cm)	经密/(根/cm)
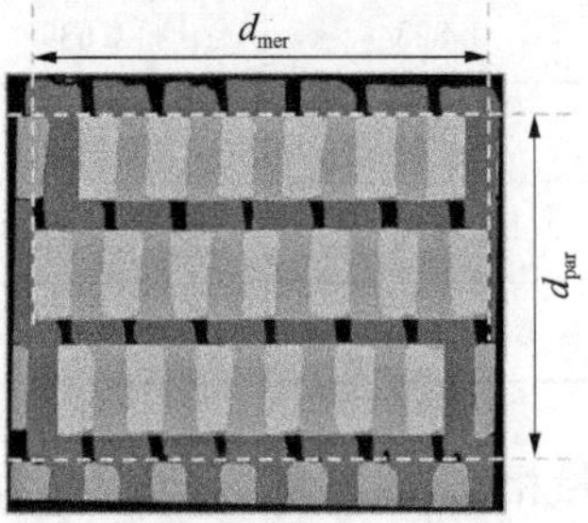	0.823	2.639
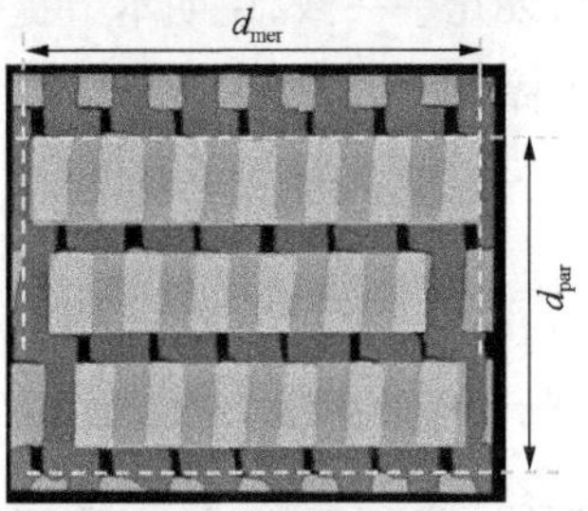	0.819	2.661
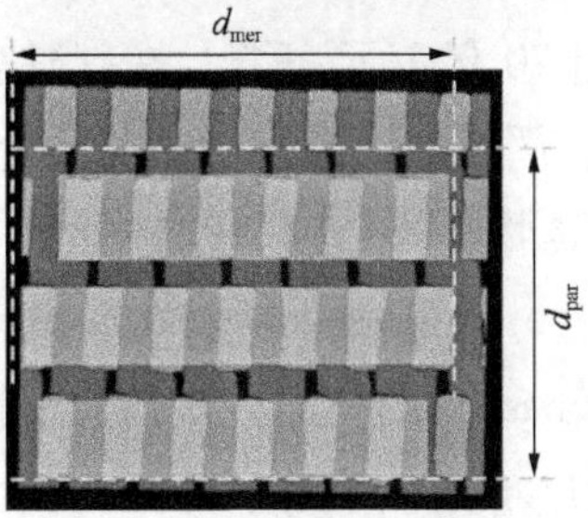	0.832	2.653
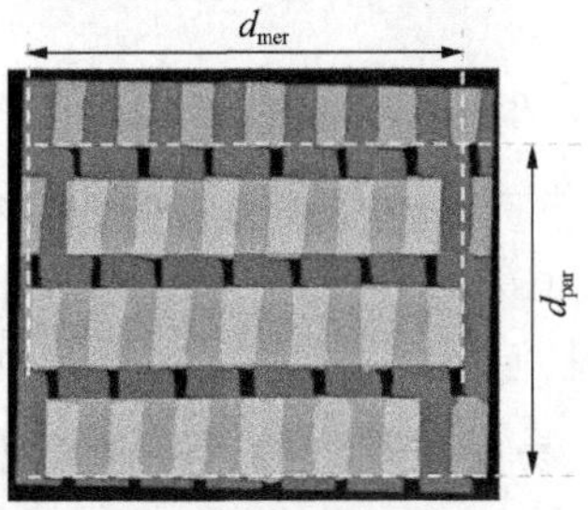	0.827	2.652

2. 量化分析

量化分析结果如表 7.2 所示。

表 7.2　量化分析

预制体编号	人　工		本节提出方法	
	经密/(根/cm)	纬密/(根/cm)	经密/(根/cm)	纬密/(根/cm)
A	0.82	2.63	0.823	2.639
B	0.90	2.64	0.832	2.653
C	0.81	2.66	0.831	2.647
D	0.81	2.65	0.819	2.661

由表 7.2 可以看出,本节提出方法与人工测量相比,误差小于 1%,自动测量的重复性好,且自动测量的纱线密度与人工测量结果几乎一致,说明本节提出方法测量数据具有可靠性和精确性,且具有较强的鲁棒性。

7.2　碳丝质量在线检测

在航空航天、风电叶片、建筑补强材料等领域快速发展的带动下,我国碳纤维市场规模进一步扩大,2026 年市场规模有望超 20 亿美元[83-86]。在碳丝生产过程中,表面缺陷(毛丝、缺陷、接头等)问题突出,严重威胁碳丝制品的质量(如飞机制造碳纤维复合材料、补强碳纤维混凝土结构物等)。现阶段,碳丝缺陷检测主要存在以下难点:

(1) 碳丝缺陷呈细长特征,基于锚框(anchor based)的检测方法需要根据长毛丝的比例将锚框尺寸预设为特定比例,该方法过于依赖手动设计且比例设置影响识别结果;

(2) 碳丝束分布密集,人工检测效率低且易受外界环境影响;

(3) 碳丝生产中,凝固速度慢的丝条表面存在一定的黏性或浸渍油剂不均匀的问题,使得碳丝产生并丝,导致碳丝缺陷定位追溯难。

缺陷严重影响了碳丝制品的质量和使用年限,亟须一种高效、准确、可靠的碳丝缺陷检测方法。目视检测工作量大、效率低、易受主观经验影响,难以保证缺陷检测的高效性和准确性,无法满足实际工程需求。深度学习算法具有通用性好、检测精度高、鲁棒性强、泛化能力好等优点,广泛应用于计算机视觉的检测、分类、分割任务中。为解决碳丝缺陷检测中易出现的检测效率低、精度低、定位追溯难等问题,引入基于尺度感知的自动增强方法对碳丝数据集进行增强,增强待检测对象的尺度不变性,有利于提高碳丝识别的准确性。针对碳丝缺陷数据的细长特征设计改进的 YOLOX 网络[86],增加自注意力机制自主调控感受野大小,帮助网络快速获取数据或特征的内部相关性;无锚框(anchor free)设计自动确定目标框大小,减少冗余的锚框计算,提升碳丝缺陷识别的精度和速度。采用基于直方图均衡化的图像处理方法对图像区域内的碳丝进行编码,综合碳丝缺陷识别结果快速、高效地完成缺陷定位,解决碳丝并丝导致的缺陷定位追溯难等问题。

7.2.1　系统组成

碳丝质量在线检测系统主要分为硬件与软件两部分,具体为碳丝检测数据采集系统和碳丝检测数据分析系统。

1. 碳丝检测数据采集系统

碳丝检测数据采集系统的硬件部分主要由线阵相机、辅助系统(如光源、电源等)以及固定工装等组成,如图 7.6 所示。线阵相机用于实时获取碳纤维碳丝的表面图像数据,其具有较高的分辨率和较大的视场,并列布置两个相机即可覆盖 2 m 幅面范围内的所有碳丝束,如图 7.7 所示。根据需求可采用单面检测和双面检测两种方案。采用单面检测方案可以最大程度降低硬件成本,同时相机与光源的布置不会干扰正常的现场作业;采用双面检测方案具有检测可靠性更高的优势。采集到的数据首先通过相应的算法进行预处理,对图像数据进行增强和拼接,以便后续制作相应的数据集和进行在线检测工作。

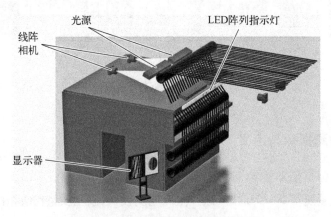

图 7.6　碳丝检测数据采集系统布局

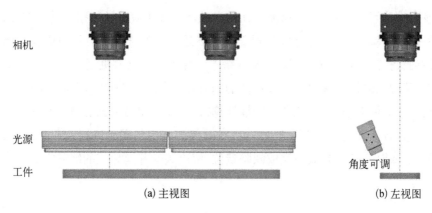

图 7.7　相机光源布置

2. 碳丝检测数据分析系统

针对碳纤维碳丝图片数据的特点(如毛丝、毛条、并丝、接头、宽度异常等缺陷),构建相应的碳丝表面质量检测网络,并针对前端获取的图像传感信息进行实时分析。检测网络主要由三部分组成,即数据增强、缺陷识别和缺陷定位。使用基于尺度感知的自动增强方法对碳丝数据集进行增强;使用基于自注意力机制的 YOLOX 改进网络提取碳丝毛丝特征,完成缺陷识别;使用基于直方图均衡化的传统图像处理方法对碳丝进行编码,完成缺陷定位。最后,将分析的异常结果进行实时反馈,即报警响应。碳丝表面质量检测网络结构如图 7.8 所示。

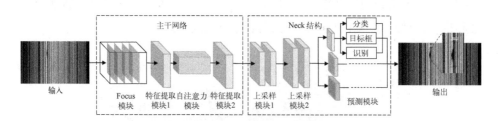

图 7.8　改进后的 YOLOX 网络结构图

7.2.2　检测指标与定义

检测指标与定义具体内容如下:

(1) 检测速度 ≥520 m/h。碳丝生产速度较快,碳丝质量在线检测系统检测速度与碳丝生产速度自适应相匹配,并实时反馈检测结果。

（2）检测精度≤0.1 mm。高精度检测系统保证了碳丝缺陷检测的全面性与可靠性,大大提高了缺陷丝的检出率和准确率。

（3）检测准确率≥98%。碳丝缺陷的高准确性检测,为实现产品质量监控提供了可靠依据。

（4）漏检率≤5%。较低的漏检率保证了碳丝生产质量把控的可靠性,可实现完全解放人工。

（5）碳丝检测数量≥252 根。碳丝一次生产的根数较多,实现缺陷丝的精准检测可以为碳丝质量管控提供可靠性数据基础。

（6）系统延时≤0.1 s。系统低延时为缺陷丝的快速反馈与后续处理提供了时间保证。

7.2.3　数据准备

采用基于监督学习的方法实现高精度的缺陷检测,数据准备是第一个基本步骤,包括图像采集和标记。首先,用分辨率为 8 192×4 096 的线扫描相机采集原始图像数据,但收集的原始图像对训练和测试来说尺寸太大,因此本节将每个原始图像裁剪成四个部分。其次,选择包含缺陷的裁剪图像进行标记。最后,由专业检查员标记所选图像中断裂细丝的轮廓。此外,还包括一些用于模型训练的负样本,如图 7.9(b)所示。具体而言,本节共收集了 4 000 个图像数据用于模型训练、验证和测试。其中,随机选择 3 000 个图像数据进行训练,选择 500 个图像数据用于验证,其余 500 个图像数据用于测试。

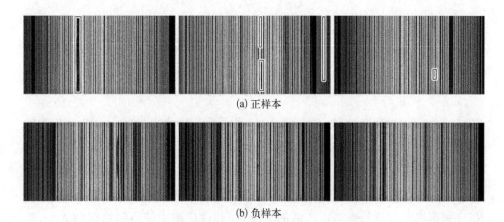

(a) 正样本

(b) 负样本

图 7.9　用于模型训练的样本示例

7.2.4　碳丝检测模型

设计碳丝检测模型一共分为三步,即数据增强、缺陷识别以及缺陷定位。

1. 数据增强

使用基于尺度感知的自动增强方法对碳丝数据集进行增强,具体步骤如下。

(1) 图像级的数据增强,按照算法随机指定的概率 P 和缩放比 R 对图像进行指定倍数放大、缩小和维持原图操作,增加图像数据的多样性。

$$0 \leqslant P_{\text{small}} \leqslant 0.5, \quad 0.5 \leqslant R_{\text{small}} \leqslant 1.0 \tag{7.8}$$

$$0 \leqslant P_{\text{large}} \leqslant 0.5, \quad 1.0 \leqslant R_{\text{large}} \leqslant 1.5 \tag{7.9}$$

$$P_{\text{origin}} = 1 - P_{\text{small}} - P_{\text{large}} \tag{7.10}$$

式中, P_{small}、R_{small} 分别为进行图像缩小操作的概率和缩放比;P_{large}、R_{large} 分别为进行图像放大操作的概率和缩放比;P_{origin} 为维持原图的概率,缩放比默认为1。

(2) 目标框级的数据增强,对每个目标框执行增强。首先通过高斯函数,对增强后的区域与剩余原始图片区域之间存在的明显边界间隙进行平滑处理,处理后边界间隙明显弱化。

$$\alpha(x, y) = \exp\left\{-\left[\frac{(x - x_c)^2}{2\sigma_x^2} + \frac{(y - y_c)^2}{2\sigma_y^2}\right]\right\} \tag{7.11}$$

$$\sigma_x = h\sqrt{\frac{W/H}{2\pi}r}, \quad \sigma_y = w\sqrt{\frac{H/W}{2\pi}r} \tag{7.12}$$

$$A = \alpha(x, y) \cdot I + [1 - \alpha(x, y)] \cdot T \tag{7.13}$$

式中,$\alpha(x, y)$ 为高斯映射函数;(x_c, y_c) 为目标框中心点坐标;σ_x 和 σ_y 均为标准差;h、w 分别为目标框的高度和宽度;H、W 分别为输入图像的高度和宽度;A 为高斯增强后的区域;I 为图像输入;T 为转换函数。

(3) 为使增强区域能够根据对象大小自适应地进行调整,引入面积比参数 R_{box},根据 R_{box} 调整数据增强区域的大小,使其适应图中待检测目标的大小,解决不同图像中待检测目标尺度变化的问题,提升网络性能。

$$V = \int_0^H \int_0^W \alpha(x, y)\,\mathrm{d}x\mathrm{d}y \tag{7.14}$$

$$R_{\mathrm{box}} = V/S_{\mathrm{box}} \tag{7.15}$$

式中, V 为高斯映射函数的积分结果; S_{box} 为目标框面积大小; R_{box} 为面积比。

2. 缺陷识别

使用基于自注意力机制的 YOLOX 改进的缺陷检测网络(D^2Net)提取碳丝毛丝特征,完成缺陷识别,具体步骤如下:

(1) 在 YOLOX 主干网络中增加自注意力模块[87],使网络注意到不同输入之间的相关性,自主调控感受野大小,减少对外部信息的依赖,帮助网络快速获取数据或特征的内部相关性。自注意力机制对碳丝缺陷特征加权,通过多次计算捕获不同特征空间中的相关信息,实现简便、可并行计算,有效提高缺陷特征提取效率。

(2) 在 YOLOX 主干网络的 Neck 结构的预测模块中,将预测分支解耦为三部分,即分类(区分前景和背景信息)、目标框(输出位置坐标信息)和目标识别(识别缺陷属于某类)。检测头解耦对增加算法复杂度的影响是微乎其微的。将预测分支解耦,不仅提升了碳丝缺陷的检测精度,还极大地加快了模型的收敛速度。

(3) 使用无锚框的算法设计,将每个位置的预测次数从 N 减少为 1。算法为每个目标对象选择 1 个正样本,该正样本处于对象的中心位置。无锚框的算法设计能够避免锚框太多导致计算过程复杂、锚框模型调优时对数据进行聚类分析等,进而提高网络的泛化性。

(4) 使用基于中心的检测算法确定正样本候选区域;在候选区域内计算每个样本对各真实框的分类和回归损失;使用每个真实框的预测样本确定其需要分配的正样本数(dynamic k),对每个真实框取损失(loss),最小的前 dynamic k 个样本作为正样本,其余作为负样本;使用正/负样本计算 loss。simOTA 样本匹配算法自动分析每个真实框需要拥有的正样本数,自主决定每个真实框的检测方向,具有很高的自主性,最重要的是,simOTA 样本匹配算法使得预测框与真实框的匹配效果更好,大幅提高了模型的检测精度。

3. 缺陷定位

使用基于直方图均衡化的传统图像处理方法[88]对碳丝进行编码,完成缺陷定位,具体步骤如下:

（1）将碳丝缺陷识别结果保存备用。

（2）将原始图像进行直方图均衡化,图像直方图表征的是该图像的灰度分布,若一幅图像的灰度直方图几乎覆盖了整个灰度取值范围,则这幅图像就具有较高的对比度,表现为图像细节丰富。直方图均衡化有助于图像直方图的延展,均衡化后整个图像灰度分布近似于均匀分布,图像灰度跨度变宽,有效地增强了碳丝图像的对比度,碳丝轮廓更清晰。

（3）在直方图均衡化后,对图像中的碳丝进行编码,按从左到右的顺序进行,5 根为 1 组,顺序标记。均衡化后以灰度作为划分依据能够快速找到每根碳丝的边界轮廓,计算每根碳丝直径。设置最小碳丝直径 d_{min} 和最大碳丝直径 d_{max},直径小于 d_{min} 的碳丝判断为不标准碳丝;直径大于 d_{max} 的碳丝根据碳丝直径与 d_{max} 的比值向上取整,将其划分为多根,碳丝划分后编码备用。

（4）将碳丝识别结果的位置坐标与编码后的碳丝坐标进行比对,准确追溯缺陷在碳丝束中的位置,并进行缺陷排查。

7.2.5 结果分析

为了评价碳丝缺陷检测方法的性能,引入了一些模型评价指标,包括准确率 A、精确率 P、召回率 R、评分 F1、平均精度 mAP。具体来说,准确率 A 是指正确预测的缺陷数占总检测缺陷数的百分比;精确率 P 表示检测到的真阳性与预测的总阳性的比率;召回率 R 表示检测到的阳性邮件与总阳性邮件的比率。此外,评分 F1 用于加权精确率和召回率的平均比率。平均精度用于衡量基于不同召回值的平均精度。平均精度是对不同类别的平均 AP 进行加权的结果。具体地,这些指标定义为

$$A = \frac{TP + TN}{TP + FP + TN + FN}$$

$$P = \frac{TP}{TP + FP}$$

$$R = \frac{TP}{TP + FN}$$

$$F1 = \frac{2PR}{P + R}$$

$$AP = \sum_{i=1}^{i=n-1} (R_{i+1} - R_i) P_{i+1} \qquad (7.16)$$

$$mAP = \frac{\sum_{i=1}^{i=k} AP_i}{k} \qquad (7.17)$$

式中,TP 为正确预测的正值;FN 为错误预测的负值;FP 为假预测阳性;TN 为正确地预测负样本; n 为召回间隔的次数; k 为类别号,在本节等于 1。

为了测试缺陷检测网络(D^2Net)的性能,将其与先进方法进行比较,这些先进方法在其他对象检测任务中均表现出了突出的性能。此外,用于图像特征学习的经典骨干网络也在本节进行比较。

如表 7.3 所示,本节将 D^2Net 与三个先进的目标检测框架,包括 Faster R – CNN、YOLOX 和 RetinaNet 进行比较,以测试 D^2Net 在缺陷特征学习方面的性能。根据测试结果,D^2Net 在准确率 A、精确率 P、召回率 R、评分 F1 和平均精度 mAP 等特征学习方面表现出了更优异的性能。因此,本实验证明了特征学习网络和锚生成方案可以有效地提高缺陷检测的性能。此外,锚生成方案可以进一步提升断裂丝在线检测的性能,因为大多数断裂丝的形状在长与宽的高比率内,这与本节提出的区域相对接近。

表 7.3　不同框架的性能比较

目标检测框架	时间/ms	A/%	P/%	R/%	F1/%	mAP/%
Faster R – CNN	128	82.5	82.3	85.1	83.7	72.1
YOLOX	44	84.5	86.3	87.9	87.1	78.8
RetinaNet	169	90.6	91.4	92.7	92.0	86.7
D^2Net	**28**	**94.1**	**93.7**	**95.5**	**94.6**	**91.8**

本节还提出了一种在线检测碳纤维生产过程中缺陷的系统。首先,设计一个数据采集模块来采集高分辨率的碳纤维图像;然后,设计一种用于学习碳纤维鲁棒性特征的缺陷检测模块,每个锚的形状被限制为长与宽的高比率,类似于断裂细丝的形状;最后,设计一种基于直方图均衡化的碳纤维分割和编号模块,用于定位和跟踪缺陷。综上,该系统应用于碳纤维产品质量管理,并在多条碳纤维

生产线上成功应用。

7.3　原丝质量在线检测

　　碳纤维是以聚丙烯腈(polyacrylonitrile，PAN)、黏胶等为原料制成的一种纤维状材料,其中碳元素的含量在所有的组成元素中占比最高,与其他种类的纤维材料相比,碳纤维拥有更加卓越的力学性能,即使是在极高的温度下,其性能也不会随着温度的升高而发生明显的改变。此外,碳纤维及其制品的导热、电磁屏蔽等性能较传统材料都有较大的提高。聚丙烯腈基碳纤维与由其他原料制造的碳纤维相比,其生产工艺更简单且成品的性能更优良,因此成为最主要的碳纤维产品。碳纤维及其制品也因具有优良的性能而广泛应用于生产生活的各个领域,国内外的诸多企业都投入了大量的精力对碳纤维及其制品进行研究,碳纤维及其制品的生产已有一定的规模。

　　碳纤维复合材料因具有诸多优异性能而广泛应用于制造航空航天领域的武器装备,主要是一些外部结构件以及某些特殊部位的结构件[89]。我国的碳纤维复合材料主要应用于机身、机翼等主要的部位,由于其密度小,可以极大地减小飞机的质量,在提高飞机的续航能力方面有着极大的优势。此外,碳纤维复合材料独特的生产工艺使其具有独特的结构,相较于传统材料制成的结构件,其可以减少声波的反射量,因此可以以其为原材料制造隐形飞机的相关部件。

　　目前,碳纤维复合材料在飞机结构中的应用由传统的非承力构件不断向次承力构件以及主承力构件的方向发展,即要求碳纤维复合材料具有更优异的性能和更高的可靠性。但是,在碳纤维及其制品的生产过程中,缺陷的产生是无法避免的,只能着手于如何减少缺陷的产生,这些缺陷轻则影响碳纤维制品的整体性能,重则影响相关飞机结构件的性能,为飞机飞行埋下安全隐患。碳纤维作为碳纤维复合材料的主要成分,减少碳纤维的缺陷,提高碳纤维及其产品的可靠性,可以为飞机提供更优异的性能,提高飞机的可靠性。

　　碳纤维的缺陷一方面是遗传于纺丝时碳纤维原丝产生的缺陷;另一方面是对碳纤维原丝的预氧化、碳化过程中形成的缺陷。研究表明,碳纤维的缺陷极大程度上遗传于碳纤维原丝[90],因此减少碳纤维原丝生产过程中产生的缺陷,提高碳纤维原丝的性能,可以大幅度提高碳纤维及其产品的性能。在碳纤维原丝生产过程中进行实时检测,对产生的缺陷进行检测、等级划分等处理,这对减少碳纤维原丝生产过程中产生的缺陷、提高碳纤维及其制品质量、减少生产成本等方面具有重要意义。

7.3.1　系统组成

为实现碳纤维原丝缺陷的实时检测,首先需要采集原丝的缺陷数据,而目前尚未有相关的数据集包含有关的图像数据,因此需要搭建图像数据采集系统来采集需要的缺陷数据,同时搭建好的图像数据采集系统也可用于在之后的实时检测过程中采集原丝纺丝的缺陷数据。技术方案流程如图 7.10 所示。

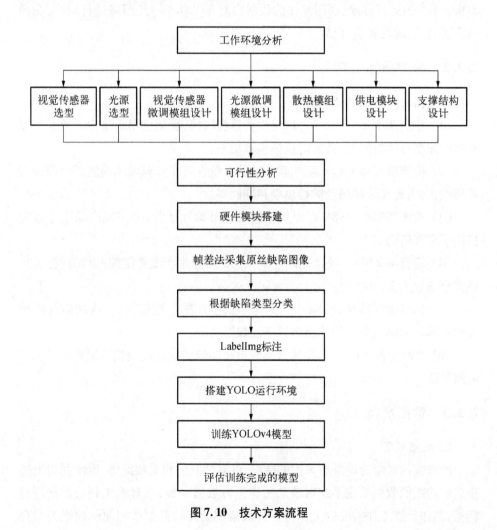

图 7.10　技术方案流程

首先对根据工作环境确定的图像数据采集设备进行设计,包含总体的结构设计、视觉传感器微调模组设计、供电模块设计以及微调模组等其余部分的设计。在完成设计并验证可行性之后,按照设计好的采集系统搭建图像采集系统,在调试完成后将其安装在原丝纺丝设备的对应位置。搭建好图像数据采集系统之后,依据帧差法[91]的原理对采集到的视频数据进行处理,将有缺陷的帧提取并保存。

在获得数据之后,按照原丝缺陷类型将其分成三个类别,并采用 LabelImg 软件对图像数据进行标注。然后,将得到的".xml"标注文件转换为 YOLO 格式的数据集,并随机将数据集分成训练集和测试集,二者的比例为 9∶1。搭建 YOLOv4[92]的运行环境,利用制作的数据集对 YOLOv4 神经网络进行训练,在训练完成之后,对其进行评估。

7.3.2　检测指标与定义

检测指标与定义具体内容如下:

(1)检测速度≥520 m/h。原丝生产速度较快,视觉检测系统检测速度与原丝生产速度自适应匹配,并实时反馈检测结果。

(2)检测精度≤0.1 mm。高精度检测系统保证了原丝缺陷检测的全面性与可靠性,大大提高了缺陷丝的检出率和准确率。

(3)检测准确率≥98%。原丝缺陷的高准确性检测,为实现产品质量监控提供了可靠依据。

(4)漏检率≤5%。较低的漏检率保证了原丝生产质量把控的可靠性,可实现完全解放人工。

(5)原丝检测数量≥252 根。原丝一次生产的根数较多,实现缺陷丝的精准检测可以为原丝质量管控提供可靠性数据基础。

(6)系统延时≤0.1 s。系统低延时为缺陷丝的快速反馈与后续处理提供了时间保证。

7.3.3　数据准备

1. 数据采集

所研究的对象为碳纤维原丝的缺陷,没有公开的相关数据集,因此利用上述搭建好的图像数据采集系统对缺陷图像进行数据采集,并对采集到的数据进行标注,制作后续工作需要的数据集。将收集到的图像数据按照原丝缺陷类型存储在不同的文件夹中。本数据集中有 9 046 张不同种类的原丝缺陷图片,并且对所有的图片都进行了人工分类及标注,制作的数据集包含一定量的原丝缺陷数据,可以用于训练和实验。由于原丝毛丝的缺陷等级缺少相应国标,一线人员根据经验对缺陷的等级进行评估,本节按照毛丝的数量来评估缺陷的等级。图 7. 11 为收集到的三种典型的缺陷类型,根据碳纤维原丝上的毛丝数量来进行分类。其中,含有较少毛丝的分为一类,如图 7. 11(a)所示,标注为"0";包含中等数量毛丝的归为一类,如图 7. 11(b)和(c)所示,标注为"1";包含有较多数量毛丝的归为一类,如图 7. 11(d)所示,标注为"2"。标注的数值代表缺陷的等级。

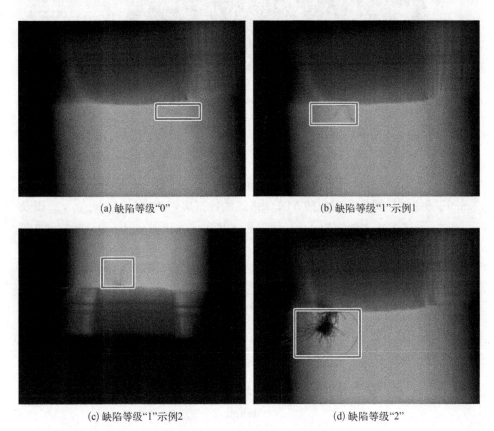

(a) 缺陷等级"0"　　　　　　　　　(b) 缺陷等级"1"示例1

(c) 缺陷等级"1"示例2　　　　　　　　(d) 缺陷等级"2"

图 7. 11　三种典型的缺陷类型

2. 数据标注

　　一般情况下,需要使用图片标注工具对数据集的训练图片及测试图片进行标注,标注完的信息会保存在一个与其相对应的". xml"特定标签文件中。本节使用 LabelImg 软件对采集到的数据集进行标注,其操作面板如图 7. 12 所示。

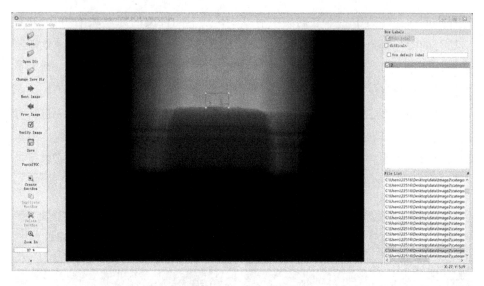

图 7.12 LabelImg 操作面板

3. 数据集生成

将所有图像数据图片标注完成之后,由于".xml"文件格式不满足 YOLO 网络的输入要求,将其转变为 YOLO 格式的数据集,按照式(7.18)~式(7.21)将".xml"标注文件转换为对应的 YOLO 格式的数据集。其中,x_{min}、x_{max}、y_{min} 以及 y_{max} 与".xml"标注文件中的 x_{min}、x_{max}、y_{min} 以及 y_{max} 相对应,length、height 表示图片的长度与高度。

$$x = \frac{x_{min} + x_{max}}{2 \times length} \tag{7.18}$$

$$y = \frac{y_{min} + y_{max}}{2 \times height} \tag{7.19}$$

$$w = \frac{x_{max} - x_{min}}{length} \tag{7.20}$$

$$h = \frac{y_{max} - y_{min}}{height} \tag{7.21}$$

图 7.13 为 YOLO 格式数据集的内容,每张图片数据保存在一个对应的".txt"文件中。图 7.13 所示内容从左到右依次表示类别的 ID 编号、目标的中心点 x 坐标(横向)/图片总宽度、目标的中心点 y 坐标(纵向)/图片总高度、目

标框的宽度/图片总宽度、目标框的高度/图片总高度,即为所求的 ID、x、y、w、h。

0 0.371875 0.524537037037037 0.08125 0.09907407407407408

图 7.13　YOLO 格式数据集内容

在得到 YOLO 格式的数据集后,随机将数据集总数的 90%作为训练集,将剩余的 10%作为测试集。生成"train. txt"保存进行训练的图像数据文件名,"test. txt"保存进行测试的图像数据文件名。表 7.4 为训练集与测试集的具体数量。

表 7.4　训练集与测试集的具体数量

类　　别	训　练　集	测　试　集	合　　计
0	2 714	301	3 015
1	2 714	301	3 015
2	2 714	302	3 016

7.3.4　原丝检测模型

1. 帧间差分法缺陷提取

视觉传感器可以采集到连续的图像数据,当传感器的视野内没有运动目标时,连续的帧之间的变化极其微弱,但是当传感器的视野内出现运动目标时,连续的帧之间就会产生较大的变化。帧差法就是基于该思想检测运动目标的,根据差分时使用的帧数多少分为帧间差分法和三帧差分法,本节采用帧间差分法对原丝的缺陷进行提取。帧间差分法的运算流程如图 7.14 所示。

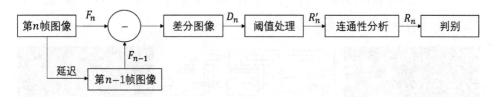

图 7.14　帧间差分法运算流程

将视频中的两帧提取出来,分别记为 f_{n-1} 和 f_n,用 $f_{n-1}(x, y)$ 与 $f_n(x, y)$ 表示两帧对应像素点的灰度,按照式(7.22)的运算规则对两帧图像进行差分计算

得到差分图像 D_n：

$$D_n(x, y) = | f_n(x, y) - f_{n-1}(x, y) | \tag{7.22}$$

设置临界值 T，按照式（7.23）对两帧图像进行二值化处理，得到对应的二值化图像 R'_n：

$$R'_n(x, y) = \begin{cases} 255, & D_n(x, y) > T \\ 0, & D_n(x, y) \leqslant T \end{cases} \tag{7.23}$$

式中，255 与 0 均代表灰度，当灰度为 255 时，显示为白色，表示该像素点所代表的点为原丝缺陷图像上的点；当灰度为 0 时，显示为黑色，表示该像素点并不是原丝缺陷图像上的点。

然后，对前面二值化得到的图像 R'_n 进行连通性分析，即可得到包含原丝缺陷的图像 R_n。最后，将提取出来的包含原丝缺陷图像的数据保存，得到若干缺陷数据用于数据标定及 YOLOv4 神经网络的训练。

2. 缺陷定位与等级评估

本节采用 YOLOv4 目标检测算法对采集到的包含原丝缺陷的图像数据进行检测，以确定图片上原丝缺陷的位置，并判断其所属类别。下面对 YOLO 系列定位与分类的过程进行简单介绍。

观察整个 YOLO 系列网络结构，可以看到 YOLO 系列算法均为端对端的目标检测模型，其实现的原理为采用单独的卷积神经网络。原丝缺陷的检测流程如图 7.15 所示，具体如下：

（1）对输入图像的大小进行调整，不同版本的 YOLO 模型其调整的大小不同；

（2）将调整好的图像数据输入卷积神经网络中；

（3）利用卷积神经网络对图像上存在的缺陷进行检测，并预测其存在的位置、所属种类以及置信度等信息。

图 7.15　原丝缺陷检测流程

　　YOLO 系列算法定位的具体过程为：首先,将输入的原丝缺陷图像分割成网格。例如,YOLOv1 将输入的原丝缺陷图像分割成 7×7 的网格,原丝缺陷的中心点落在哪个单元格就由此单元格负责该缺陷。原丝缺陷图像网络划分如图 7.16 所示,可以看到原丝缺陷的中心落在分割好的某个单元格内,因此由该单元格对这个原丝缺陷进行预测。划分出来的单元格可以预测一定数量的边界框,同时对其置信度进行预测。置信度一般包含两个含义,一个是

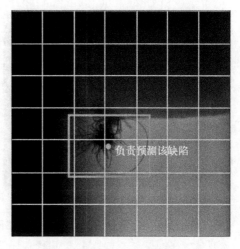

图 7.16　原丝缺陷图像网格划分

置信度对应的边界框中存在原丝缺陷的概率大小,另一个是对应边界框的准确度。YOLO 系列算法利用四个参数来表示边界框的大小与位置,其中两个参数负责预测的边界框中心点的位置,其余两个参数则对边界框的长和宽进行预测。此外,YOLO 系列算法采用另一个参数对预测产生的边界框的置信度进行表示。

　　除了需要确定原丝缺陷的位置,还要对原丝缺陷的类别进行判定。在利用 YOLO 系列算法对原丝缺陷进行等级评估时,首先由上述划分的单元格预测出 3 个类别(本节将采集到的原丝缺陷分成 3 个类别)的概率,即由其产生的边界框属于某种类别的概率。虽然单个单元格会产生不止一个边界框,但是只会产生一组所属类别的概率。

7.3.5　结果分析

1. 帧间差分法缺陷检测分析

　　当碳纤维原丝在纺丝时,视觉传感器采集到的图像数据如图 7.17 所示。图 7.17(a)为碳纤维原丝未出现缺陷时的图像,图 7.17(b)为碳纤维原丝出现缺陷时的图像。根据帧间差分法将图 7.17(a)作为帧差法中的背景帧对存在缺陷的图像进行提取。

　　根据帧间差分法原理,若获得的图像数据为彩色图像,则应先将其转化为灰度图,但工业相机采集到的图像数据本身就是灰度图,因此无须进行灰度处理,对背景图片与存在缺陷的图片进行差分运算,计算两帧图像对应像素点间的像素差,得到的差分图像数据如图 7.18(a)所示。

(a) 背景帧

(b) 缺陷帧

图 7.17 视觉传感器采集到的图像数据

(a) 差分图像

(b) 二值化图像

图 7.18 差分图像和二值化图像

图 7.18 中,黑色区域代表两张图片对应像素点的差值(像素差)为 0,灰色区域则代表两张图片对应像素差较大,区域颜色越接近白色,像素差越大。然后,将得到的差分图像进行二值化处理,采用 graythresh 函数自动生成合适的阈值,当两帧图像的像素差高于该阈值时,标注为缺陷,赋值 255 显示为白色;当两帧图像的像素差低于该阈值时,赋值 0 显示为黑色。得到的二值化图像如图 7.18(b)所示。

由二值化图像可以观察到,图中有许多不需要的干扰,为了去除这些干扰,采用中值滤波、膨胀腐蚀去噪方法对二值化图像进行处理。其中,中值滤波可以有效去除单独的噪点和噪声线,先腐蚀再膨胀的处理方式可以在很大程度上去除干扰线。图 7.19 为中值滤波处理后和膨胀腐蚀处理后的图像。由图可以看到大致的原丝缺陷轮廓,存在较少的噪点和干扰线。

(a) 中值滤波后图像　　　　　　　　　　(b) 膨胀腐蚀后图像

图 7.19　中值滤波处理后和膨胀腐蚀处理后的图像

对中值滤波、膨胀腐蚀去噪处理之后的图像进行连通性分析,在若干个大小不同的连通区域中采用非极大值抑制的方式去除其中重叠的、不需要的连通区域,即图像上显示的轮廓框,最后得到得分最高的轮廓框,并将该帧图像保存在指定文件夹中。图 7.20(a)为采用帧间差分法检测到的原丝缺陷,图 7.20(b)为采用帧间差分法提取并保存的包含原丝缺陷的图像。

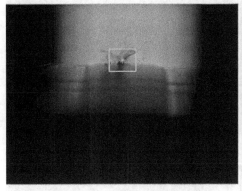
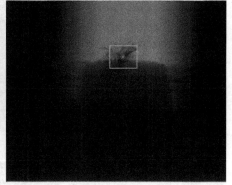

(a) 帧间差分法检测到的原丝缺陷　　　　　　　(b) 采集到的图像

图 7.20　帧间差分法检测的原丝缺陷

2. 基于 YOLOv4 的缺陷定位与分类实验

根据本节建立的数据集对模型进行训练,对使用的 YOLOv4 神经网络模型按照所需的环境进行配置,网络结构及其数据增强方式不进行更改,使用 Adam作为训练的优化器,设置"yolov4. cfg"文件中的内容使其满足要求。对 YOLOv4网络模型进行 6 000 次的迭代运算后,模型的损失值以及平均精度 mAP 趋向于稳定,其中损失值降低到 2.2 左右,各类原丝缺陷的平均精度 mAP 则在 80%以上,召回率 R 在 85%左右。神经网络检测缺陷的各项指标如表 7.5 所示。

表 7.5　神经网络检测缺陷的各项指标

评 价 指 标	召回率 R/%	mAP/%
缺陷等级"0"	82.26	83.31
缺陷等级"1"	81.75	87.95
缺陷等级"2"	86.53	86.34

训练完成之后的模型对原丝缺陷的检测效果如图 7.21 所示。通过比较可视化后的缺陷检测效果可知,检测网络模型对于缺陷等级为"0"和"1"的两类缺陷有较好的检测效果,边界框基本将缺陷完全覆盖,效果较好;对于缺陷等级为"2"的缺陷类型,虽然网络模型对其分类的精确度较高,但是边界框无法完全覆

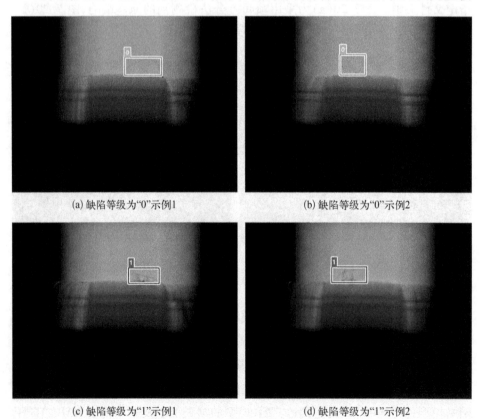

(a) 缺陷等级为"0"示例1　　　　　　　(b) 缺陷等级为"0"示例2

(c) 缺陷等级为"1"示例1　　　　　　　(d) 缺陷等级为"1"示例2

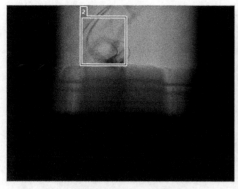 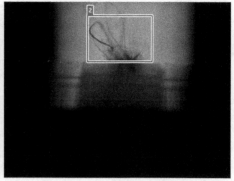

(e) 缺陷等级为"2"示例1　　　　　　　　　(f) 缺陷等级为"2"示例2

图 7.21　YOLOv4 检测效果

盖缺陷,边界框外部仍有一部分的毛丝,与其他两类缺陷相比,边界框对目标的贴合效果较差。

7.4　小结

本章主要介绍了复合材料领域机器视觉技术的典型应用,底层使用了机器视觉硬件系统、经典机器视觉技术以及深度学习框架。所有案例都包含了从系统组成、检测指标、定义及结果分析的全过程,这些案例可以帮助读者更好地利用数据挖掘手段解决实际问题。

第8章 精密电子领域机器视觉技术的典型应用

8.1 金丝键合错漏丝检测

在金丝键合生产过程中,金丝缺漏丝是一种典型的金丝键合缺陷。此类问题检测难度大,目前主要依赖于人工进行目视检查,检测效率低,难以满足生产需求。金丝缺漏丝具体表现为:对比设计金丝键合结构,现场生产的金丝键合结构的金丝数量缺少,同时对应部位的金丝遗漏。当金丝键合产生金丝缺漏丝时,金丝键合的部分连接结构将产生严重的缺陷,这会导致所在电子元器件产生严重故障。本节提出一种基于深度学习的金丝键合错漏丝检测方法,能够实现金丝键合中金丝缺漏丝自动化检测,一旦发现缺漏丝缺陷,能够及时指导检测工位进行缺陷修复和残次品筛查,保证产品的生产稳定性与可靠性。

8.1.1 问题分析

观察图 8.1 所示的金丝键合结构可以发现,金丝键合结构复杂,金丝直径小,方向各异,传统方法很难进行检测。具体地,目前的通用目标检测方法在金丝键合检测中存在局限性。金丝键合对象可以出现在任意方向上,分析金丝键合结构可知,目前金丝键合检测中存在以下问题:

（1）金丝键合长宽比大,金丝长度为其直径的百倍,这种长宽比很大的结构对角度

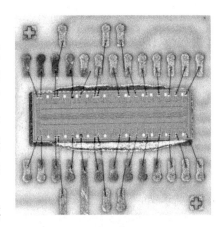

图 8.1 金丝键合结构示意图

的变化很敏感;

（2）金丝键合分布密集,许多金丝对象通常以密集排列的形式出现;

（3）金丝键合的方向任意,可以以不同的方向出现,这就要求目标检测方法具有准确的方向估计能力。

因此,为了解决以上问题,本节提出了一种精确、快速的金丝键合旋转检测方法,能够实现方向各异的金丝键合检测。

8.1.2　数据准备

检测数据来源于金丝键合生产线中的键合机自带图像采集设备采集到的图像数据。其中,图像分辨率为 1 358×1 343,图像数量充足,能够满足大规模训练需求。本节利用采集到的数据构建金丝键合检测数据集,并进行专业化的数据标注,得到大量可靠的训练数据,并将整体数据集按照一定的比例分为训练集、验证集和测试集。

8.1.3　金丝检测

本节中旋转目标检测方法是基于精细化单级旋转检测器(refined rotation RetinaNet, R3Det)[93]改进得到的。其中,R3Det 的网络结构如图 8.2 所示。图中,A 表示每个特征点上锚的数量,C 表示类别的数量。在网络中加入可以多次添加

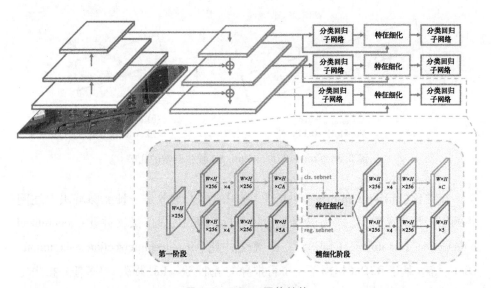

图 8.2　R3Det 网络结构

和重复的细化阶段对包围框进行细化,细化阶段加入特征细化模块(feature refinement module,FRM),重构特征图。在单级旋转目标检测任务中,对预测包围框进行连续精细化可以提高回归精度,而特征精细化是实现这一目标的必要过程。

　　RetinaNet是目前先进的单级检测器之一。它是由特征提取主干网络、分类网络和回归网络等组成的。对于基于RetinaNet的旋转检测,本节方案使用5个参数,即$(x, y, \omega, h, \theta)$表示任意方向的矩形。其中,$\theta$为矩形与$x$轴的锐角夹角。因此,需要预测回归子网络中额外的角度偏移,其旋转包围框表示为

$$t_x = (x - x_a)/\omega_a, \quad t_y = (y - y_a)/h_a \tag{8.1}$$

$$t_\omega = \log(\omega/\omega_a), \quad t_h = \log(h/h_a), \quad t_\theta = \theta - \theta_a \tag{8.2}$$

$$t'_x = (x' - x_a)/\omega_a, \quad t'_y = (y' - y_a)/h_a \tag{8.3}$$

$$t'_\omega = \log(\omega'/\omega_a), \quad t'_h = \log(h'/h_a), \quad t'_\theta = \theta' - \theta_a \tag{8.4}$$

式中,x、y、ω、h、θ分别为方框的中心坐标、宽度、高度和角度;变量x、x_a、x'分别表示真实值、锚框值和预测值。

　　如图8.3所示,每一组包围框都有相同的中心点、高度和宽度。两组包围框之间的角度差是相同的,但长宽比不同。因此,两组的smooth L1损失值$L_{\text{smooth L1}}$是相同的(主要来自角度差),但是倾斜交并比(skew intersection over union,SkewIoU)对大长宽比的物体很敏感,旋转检测的评价指标也以SkewIoU为主。

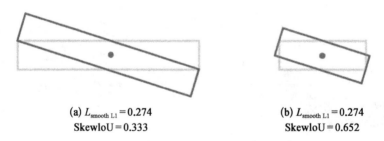

(a) $L_{\text{smooth L1}} = 0.274$
SkewIoU = 0.333

(b) $L_{\text{smooth L1}} = 0.274$
SkewIoU = 0.652

图8.3　SkewIoU和smooth L1损失函数的比较

　　交并比(intersection over union,IoU)相关损失函数是一种能够解决上述问题的回归损失函数,已广泛应用于常规目标检测中,如广义交并比(generalized intersection over union,GIoU)[94]、距离交并比(distance intersection over union,DIoU)等。基于R3Det提出了一个可推导的近似SkewIoU损失,将多任务损失定义为

$$L = \frac{\lambda_1}{N} \sum_{n=1}^{N} \mathrm{obj}_n \frac{L_{\mathrm{reg}}(v'_n, v_n)}{|L_{\mathrm{reg}}(v'_n, v_n)|} \mid f(\mathrm{SkewIoU}) \mid + \frac{\lambda_2}{N} \sum_{n=1}^{N} L_{\mathrm{cls}}(p_n, t_n) \quad (8.5)$$

$$L_{\mathrm{reg}}(v'_n, v_n) = L_{\mathrm{smooth\,L1}}(v'_\theta, v_\theta) - \mathrm{IoU}(v'_{|x, y, w, h|}, v_{|x, y, w, h|}) \quad (8.6)$$

式中，N 为锚框个数；obj_n 为二值量（$\mathrm{obj}_n = 1$ 为前景，$\mathrm{obj}_n = 0$ 为背景，背景不回归）；v' 为预测偏移量向量；v 为真实值的目标向量；t_n 为对象的标号；p_n 为用 Sigmoid 损失函数计算得到的各类概率分布；SkewIoU 表示预测框与真实值的重叠；λ_1、λ_2 均为超参数，控制平衡，默认设置为 1；L_{cls} 为分类损失，由 Focal loss 函数实现；$|\cdot|$ 为求矢量的模量，不涉及梯度反向传播；$f(\cdot)$ 为与 SkewIoU 相关的损失函数；$\mathrm{IoU}(\cdot)$ 为水平边框 IoU 的计算函数。

与传统回归损失函数相比，新回归损失函数可以分为两部分。第一部分 $\dfrac{L_{\mathrm{reg}}(v'_n, v_n)}{|L_{\mathrm{reg}}(v'_n, v_n)|}$ 表示终止梯度传播方向（单位向量），这是保证损失函数可导的重要部分；第二部分 $|f(\mathrm{SkewIoU})|$ 负责调整损失值（梯度幅度），无须推导（标量）。考虑到 SkewIoU 和平滑 L1 损失的不一致性，本节使用方程 $L_{\mathrm{reg}}(v'_n, v_n)$ 作为损失函数的主要梯度函数。通过这样组合，保证损失函数是可导的，其大小与 SkewIoU 是高度一致的。

8.1.4　模板匹配

8.1.3 节已经实现了金丝的旋转高精度检测，最终目的是实现缺漏部位的检测，因此本节提出一种基于模板匹配的金丝键合缺漏丝检测框架。构建该框架包括以下三个步骤：

（1）针对金丝键合不同部位选取固定位置的无缺陷图像作为模板，利用金丝键合旋转金丝检测模块对无缺陷图像进行检测后保存数据作为模板；

（2）将待检测图像输入金丝键合旋转金丝检测模块进行检测，得到金丝检测结果；

（3）将金丝检测结果与对应模板数据进行对比。

为了实现高精度的模板匹配，本节使用一种基于 SURF 的图像配准方法。通过 IoU 分析得到金丝键合缺漏丝的位置，指导现场人员进行筛选和维修处理。

8.1.5　结果分析

本节展示金丝键合旋转目标检测结果，并对结果进行分析。图 8.4 为金丝键合模板检测的结果。

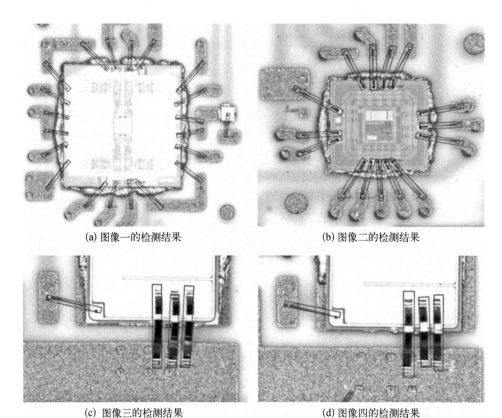

(a) 图像一的检测结果   (b) 图像二的检测结果

(c) 图像三的检测结果   (d) 图像四的检测结果

图 8.4　金丝键合模板检测结果

　　为了实现高精度的图像配准,本节采用基于 SURF 的图像匹配方法来实现对应图像数据配准,得到如图 8.5 所示的图像配准结果。

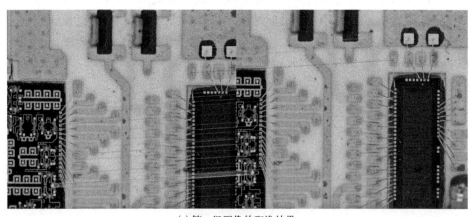

(a) 第一组图像的配准结果

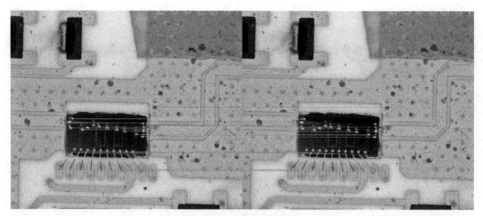

(b) 第二组图像的配准结果

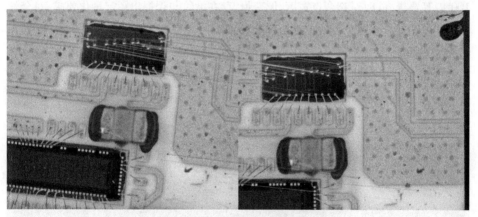

(c) 第三组图像的配准结果

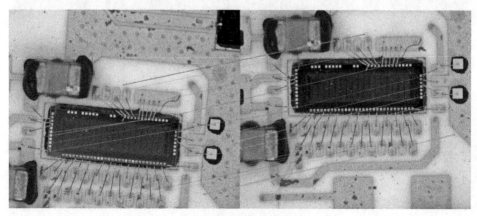

(d) 第四组图像的配准结果

图 8.5 金丝键合图像数据配准实验结果

8.2　金丝键合跨距检测

在微电子工业中,金丝键合是集成电路中必不可少的电气连接工艺和结构。在金丝键合工艺中,金丝键合焊点不全、金丝键合金丝断丝以及金丝键合跨距超限属于常见的金丝键合缺陷,这些缺陷会导致组件短路或断路,严重影响微波组件的工作性能。在 2018 年实施的《微波组件键合工艺技术要求》(SJ 21276—2018)中,提出了应考虑金丝与邻近电路或零件的相对位置,不宜太近,以免存在短路隐患;微波通路上键合区之间的跨距应尽量短;金丝键合区的跨距不应超过金丝直径的100 倍等要求,同时对键合点宽度、形变量、存在裂纹与否提出了定量化要求,对金丝表面也提出了金丝缺陷不应使得金丝直径或宽度减小 25% 以上的要求。具体地,在各个型号微波组件设计中,对固定位置的金丝键合也提出了严格的检测要求。

金丝键合示例如图 8.6 所示,键合跨距是重要的检验指标之一,它是指两个对应键合点中心之间的投影距离。但是,在键合跨距测量过程中还面临着一些待解决的问题:① 金丝尺寸小,结构复杂;② 金丝键合所在的背景很复杂。因此,在整个集成电路中提取金丝键合并且测量键合跨距仍然是一项非常困难的工作。

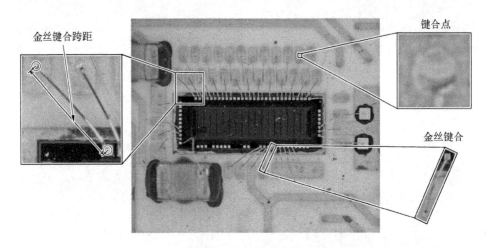

图 8.6　金丝键合示例

现阶段,在微波组件生产过程中,进行金丝键合跨距检测主要借助显微镜,检测人员对金丝键合逐个检查。目前,基于机器视觉的智能检测技术在精密电子领域的应用越来越广泛,下面以金丝键合跨距测量为例进行介绍。

8.2.1　数据准备

本节采用 CCD 相机作为数据采集设备,可以实时采集工业生产线上的集成电路金丝键合图像数据。数据集类型有三种,即训练集、验证集和测试集,对应三种类型的检测对象,即键合区域、焊点和金丝。数据集中的原始图像是从集成电路表面获得的。首先,对原始图像的键合区域进行标注,以便于进行训练;经过训练后,可以检测并提取键合区域,过滤复杂背景区域;然后,从键合区域图像中提取黏接点和金丝进行手工精细贴标;最后,将三个标注的数据集分别划分为训练集、验证集和测试集。

8.2.2　整体思路

如图 8.6 所示,金丝键合具有细小尺寸和复杂结构,因此很难直接从高分辨率的图像中直接提取金丝键合。为了解决这一问题,本节采用一种由粗到精的框架来实现基于深度学习的金丝键合跨距测量。由粗到精的基于深度学习的金丝键合跨距测量框架如图 8.7 所示,该框架包含四个模块,即键合区域定位模块、焊点检测模块、金丝分割模块和键合跨距测量模块。这四个模块依次实现了金丝键合区域检测、金丝键合焊点检测、金丝分割以及金丝键合跨距测量。

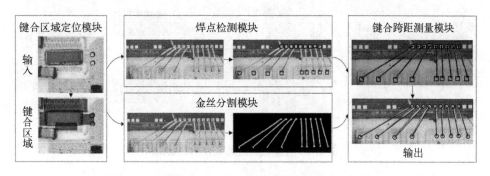

图 8.7　由粗到精的基于深度学习的金丝键合跨距测量框架

原始图像分别输入键合区域定位模块进行键合区域检测和提取,为了避免大量卷积操作使计算变得复杂,设计了一种轻量化的单阶段目标检测网络来实现键合区域检测。通过这种方法可以检测到键合区域,并可将这些区域图像进行裁剪,用于后续的计算分析。

提取到的键合区域图像被输入平行的焊点检测模块和金丝分割模块。但是,传统的目标检测方法并不适用于金丝键合的焊点检测。一方面,由于金丝键合焊点在图像中只占据几十个像素,传统的目标检测方法很难检测到;另一方面,传统的目标检测方法采用了大量的下采样操作,这将导致金丝键合焊点信息丢失。为解决这些问题,本节提出了一个包含密集连接块和扩张卷积的主干网络,该网络能够高效提取金丝键合焊点特征。同时,为了实现金丝分割,还提出了一个基于边缘分支的特征学习方法来提高金丝分割的效果。

为了实现金丝键合跨距测量,键合焊点是其中最重要的步骤。因此,本节提出了四种金丝键合分布模型来匹配对应的金丝键合焊点,进而提取金丝键合焊点的中心,然后计算对应焊点中心的距离,即金丝键合跨距。

8.2.3　金丝键合区域定位模块

在集成电路图像中,大部分区域属于背景。因此,为了提高检测效率,本节采用键合区域定位模块来定位和提取键合区域,并去除大部分的背景。但现阶段的目标检测算法侧重于提高精测精度,因此这些算法包含大量的卷积层,这会导致复杂的计算。为了在不损失检测精度的情况下实现键合区域快速定位,本节设计了一个键合区域定位模块。图 8.8 为金丝键合区域定位模块的结构,其包含特征提取网络、分类子网络和回归子网络。

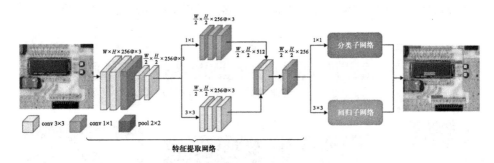

图 8.8　金丝键合区域定位模块结构

特征提取网络用于从键合区域图像中提取特征信息,共包含 14 层。具体地,特征提取网络的前五层由四层卷积层和一层池化层组成。数量较少的卷积层网络可以减少冗余计算的同时提高检测速度。另外,本节使用 1×1 和 3×3 两种卷积核进行特征提取,可提高网络在多尺度下的检测精度。键合区域定位模块的另外两个组件是分类子网络和回归子网络,这是在 RetinaNet 中提出的。分类子网络和回归子网络在基于多尺度特征融合的键合点检测算法中能够实现同一层级特征的权值共享。分类子网络可以预测每个锚框中有一个键合区域的概率。回归子网络通过将每个锚框与真实值进行回归来预测键合区域的具体位置。综上所述,键合区域定位模块能够实现集成电路图像中键合区域的快速定位及预处理,为后续步骤消除了大量的冗余计算。

8.2.4　金丝键合焊点检测模块

在完成键合区域定位后,提取到的键合区域图像输入金丝键合焊点检测模块进行焊点检测。金丝键合焊点检测模块的结构如图 8.9 所示,其包括一个特征提取主干网络、一个双向特征金字塔网络(bi-directional feature pyramid network,BiFPN)[94-96]、一个分类器和一个回归器。

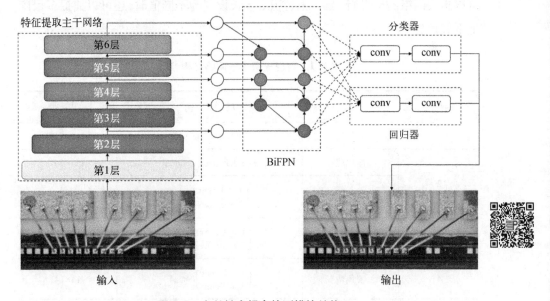

图 8.9　金丝键合焊点检测模块结构

观察图 8.9 可以发现,所有的金丝键合焊点都是小尺寸。同时,传统特征提取主干网络具有深层的结构,小尺寸的金丝键合焊点特征信息将被弱化,因此本节设计了一个全新的特征提取主干网络,其包含三层的密集块连接结构和更多的扩张卷积层来增强小目标检测的特征提取能力。总体上,全新的特征提取主干网络具有两大特征:① 使用密集块连接结构替换 DetNet[97] 网络的第 2 层至第 4 层;② 得益于扩张卷积,提出的特征提取主干网络保持一个较高的分辨率,这样可以提高小目标的检测能力。

如表 8.1 所示,本节提出的特征提取主干网络共有六层,包含不同的卷积层、密集块连接结构和瓶颈层。网络第 1 层由一个卷积核大小为 7×7 的卷积层组成。网络第 2 层包含 3×3 的最大池化层和一个密集块连接结构。具体地,密集块连接结构又包含很多 1×1 的卷积层和 3×3 的卷积层。第 3 层和第 4 层分别由不同结构的密集块连接结构组成。密集块连接结构可以实现特征重用,并可提高特征的使用效率。同时,密集块连接结构中相对较少的参数能够减少训练过程的计算复杂度。特征提取主干网络的最后两层包含两个扩张卷积瓶颈层和一个具备 1×1 卷积映射层的扩张卷积瓶颈层。为了防止小目标特征丢失,需要将原始瓶颈层进行修改来保持特征图的高分辨率。具体地,将原始瓶颈层中的卷积层替换为扩张卷积层,这样可以有效扩大网络的感受野。扩张卷积层不仅可以扩大网络的感受野,当扩张卷积层步长设置为不同值时,还可以捕捉多尺度上下文信息。

表 8.1　特征提取主干网络结构参数

网络层	名　称	层　结　构	输出尺寸
1	卷积层	7×7, 64, stride 2	112×112
2	池化层	3×3 max pool, stride 2	56×56
	密集块	$\begin{bmatrix} 1 \times 1 \text{ conv} \\ 3 \times 3 \text{ conv} \end{bmatrix} \times 6$	28×28
3	密集块	$\begin{bmatrix} 1 \times 1 \text{ conv} \\ 3 \times 3 \text{ conv} \end{bmatrix} \times 12$	14×14
4	密集块	$\begin{bmatrix} 1 \times 1 \text{ conv} \\ 3 \times 3 \text{ conv} \end{bmatrix} \times 24$	14×14
5	瓶颈层	$\begin{bmatrix} 1 \times 1 \text{ conv} \\ 3 \times 3, \text{ dilate 2, } 256 \\ 1 \times 1 \text{ conv} \end{bmatrix} + 1 \times 1 \text{ conv}$ $\begin{bmatrix} 1 \times 1 \text{ conv} \\ 3 \times 3, \text{ dilate 2, } 256 \\ 1 \times 1 \text{ conv} \end{bmatrix} \times 2$	14×14
6	瓶颈层	$\begin{bmatrix} 1 \times 1 \text{ conv} \\ 3 \times 3, \text{ dilate 2, } 256 \\ 1 \times 1 \text{ conv} \end{bmatrix} + 1 \times 1 \text{ conv}$ $\begin{bmatrix} 1 \times 1 \text{ conv} \\ 3 \times 3, \text{ dilate 2, } 256 \\ 1 \times 1 \text{ conv} \end{bmatrix} \times 2$	14×14

注: stride 为步长;max pool 为最大池化;dilate 为扩张卷积层。

为了提高金丝键合焊点的检测精度,单层特征应该通过特征融合的方法扩展至多层特征,如特征金字塔网络(FPN)等。FPN 仅采用单向的特征融合,并且不同特征之间不具有权重信息,这将导致不平衡的特征融合。为了解决这一问题,本节将 BiFPN 引入特征融合过程,BiFPN 可以实现可变加权特征融合和双向特征流动。

BiFPN 拥有两大特征,即双向连接和可变加权特征融合。首先,双向连接克服了传统的自上而下 FPN 的单项特征信息流动的局限性,其可以在不同的特征映射中获取更多的信息。可变加权特征融合能够平衡不同层之间的特征,公式如下:

$$O = \sum_i \frac{\omega_i}{\varepsilon + \sum_j \omega_j} \cdot I_i \qquad (8.7)$$

式中, $\omega_i > 0$ 表示可变权重; ε 是一个避免出现零分母的参数; I_i 表示来自第 i 层的特征。

8.2.5　金丝键合金丝分割模块

与金丝键合焊点检测模块并行分布的是金丝键合金丝分割模块,该模块的输入同样是键合区域图像。对于金丝分割任务,金丝边缘的高精度检测对提高金丝分割精度起到了重要的作用。为此,本节提出一种新的语义分割网络,该网络明确地将金丝的边缘信息作为单独的处理分支。具体来说,新的语义分割网络有一个单独的边缘分支,专注于处理金丝边缘信息。图 8.10 为基于 DeepLabv3+[98]改进的金丝键合金丝分割模块结构。金丝键合金丝分割模块由主干网络、边缘分支和 ASPP 模块组成。

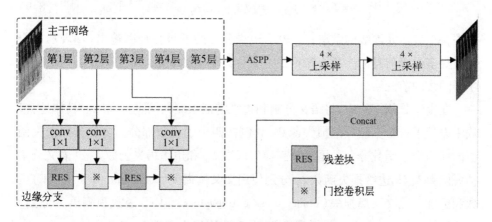

图 8.10　金丝键合金丝分割模块结构

金丝键合金丝分割模块将 ResNet − 101[99] 作为特征提取主干网络。金丝键合金丝分割模块结构如图 8.10 所示,与主干网络平行的边缘分支包含残差块和门控卷积层。边缘分支以主干网络前三级的输出作为输入。具体来说,因为边缘分支有门控卷积层,所以可以分为两层。此外,门控卷积层只处理与边缘相关的信息。ASPP 模块以不同的分辨率融合来自不同层的特征,这在语义分割算法中得到了广泛的应用。

同时,金丝键合金丝分割模块也可以看成一个编码解码结构。其中,编码器模块包括主干网络、边缘分支和 ASPP 模块。编码器模块的输出是来自 ASPP 模块的常规特征映射和来自边缘分支的低级边缘特征映射。在解码器模块中,逐步重建原始大小的分割图。首先,基于双线性插值方法对正则特征映射进行上采样;然后,将来自 ASPP 模块的常规特征映射与来自边缘分支的低级边缘特征映射连接起来;最后,对特征图进行 3×3 的卷积和上采样,产生最终的分割输出。

门卷积是金丝分割模块的核心组成部分。它通过过滤主干网络常规特征映射中的其他信息来提取边缘相关信息。具体来说,门卷积可以分为以下两个步骤。

(1) 从特征图 r_t 和 s_t 中获取注意力特征图:

$$\alpha_t = \sigma \left[C_{1 \times 1}(s_t \mathbin{||} r_t) \right] \tag{8.8}$$

式中,r_t 和 s_t 分别表示主干网络和边缘分支的特征图;$C_{1 \times 1}$ 表示一个 1×1 的卷积层;|| 表示特征合并操作;σ 表示 Sigmoid 激活函数;α_t 表示输出的注意力特征图。

(2) 对边缘分支特征图 s_t 和注意力特征图 α_t 应用元素相乘以及一个残差连接。门卷积可以被定义为

$$\hat{s}_t^{(i,j)} = (s_t * r_t)_{(i,j)} = \left[\left(s_{t_{(i,j)}} \odot \alpha_{t_{(i,j)}} \right) + s_{t_{(i,j)}} \right]^{\mathrm{T}} \omega_t \tag{8.9}$$

式中,$\odot$ 表示元素级的乘法;$\hat{s}_t$ 表示边缘分支的低级特征图输出;α 表示一个包含更多边缘信息的注意力特征图。具体地,边缘分支有两个门控卷积层连接主干网络的前三层。

在金丝分割模块中,将语义分割和边缘特征预测共同进行训练。具体地,模块中设计了一个金丝分割损失函数,其包括四个子函数部分。金丝分割损失函数的前两个子函数分别是语义分割损失函数 L_{ss} 和边缘损失函数 L_e。语义分割损失函数 L_{ss} 和边缘损失函数 L_e 分别使用交叉熵损失(corss entropy loss, CE)函数和标准二元交叉熵损失(binary cross entropy loss, BCE)函数预测语义分割 f 和边缘特征图 s。语义分割损失函数 L_{ss} 和边缘损失函数 L_e 定义为

$$L_{ss} = \lambda_1 L_{CE}(\hat{y}, f) \tag{8.10}$$

$$L_e = \lambda_2 L_{BCE}(s, \hat{s}) \tag{8.11}$$

式中, $\hat{y}$ 和 $\hat{s}$ 表示真实值的标签; λ_1、λ_2 表示两个平衡参数, $\lambda_1, \lambda_2 \in [0, 1]$。具体地,两个平衡参数用于平衡在分割过程中常规语义信息和边缘信息的影响。

另外,为了防止出现由前景背景不平衡导致的过拟合问题,本节提出两个正则化损失函数,这也是整个损失函数的其余两部分。第一个正则化损失函数(L_{r1})是为了避免由真实边缘和预测边缘不匹配而造成的损失函数偏移。L_{r1} 可以定义为

$$L_{r1} = \lambda_3 \sum_{p^+} | \zeta(p^+) - \hat{\zeta}(p^+) | \tag{8.12}$$

式中, ζ 为像素属于金丝边缘的置信度; $\hat{\zeta}$ 为由真实值计算得到的对应值; p^+ 为预测像素坐标的集合; λ_3 为平衡参数。具体地, ζ 通过式(8.13)计算:

$$\zeta = \frac{1}{\sqrt{2}} \| G * \mathrm{argmax}\, p(y^k | r, s) \| \tag{8.13}$$

式中, G 为高斯滤波函数; $p(y^k | r, s)$ 表示预测的标签分布。

此外,使用边缘预测来匹配语义预测也可以防止过拟合:

$$L_{r2} = \lambda_4 \sum_{k, p} 1_{S_p} [\hat{y}_p^k \log p(y_p^k | r, s)] \tag{8.14}$$

式中, p 和 k 分别为像素集合与标签集合; $1_{S_p} = \{1 : s > \mathrm{thrs}\}$ 表示指标函数, thrs 表示一个阈值,在金丝键合金丝分割模块中设置为 0.8; λ_4 为平衡参数。具体地,在金丝键合金丝分割模块的实验中,设置 $\lambda_3 = 0.15$, $\lambda_4 = 0.11$ 时,取得了最好的分割性能。

8.2.6　金丝键合跨距测量模块

根据键合跨距测量技术,键合跨距定义为一个金丝键合组件下两个对应键合焊点中心的投影距离。因此,首先需要找到对应的键合焊点。但金丝键合分布复杂,很难直接准确地计算键合跨距。为了解决这一问题,本节设计了金丝键合跨距测量模块,该模块基于键合焊点检测结果和金丝分割结果逐步计算键合跨距,如图 8.11 所示。

具体地,金丝键合跨距测量模块测量跨距可以分为以下三个步骤:

(1)基于键合焊点检测结果和金丝分割结果实现键合焊点自动匹配;

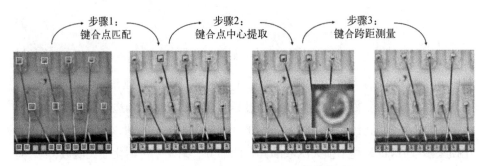

图 8.11　金丝键合跨距测量模块测量步骤示意图

（2）基于随机抽样一致（random sample consensus，RANSAC）方法提取键合焊点中心；

（3）通过计算两个对应键合焊点中心的距离，得到键合跨距。

对于检测到的多个键合焊点的集成电路图像，首先需要对金丝连接对应的两个焊点进行匹配。事实上，通过观察金丝键合中金丝分割的结果可以发现，金丝分布的结构是十分复杂的，因此不可以通过邻近点的筛选直接匹配键合点。在图 8.12 中，通过分析金丝分割的结果，提出了四种金丝分布模型，包括直线型、X 型、Y 型和 V 型。具体来说，首先根据金丝分布模型对每个连通区域进行分类；然后，对每段金丝末端邻近的键合焊点进行搜索匹配。针对不同的金丝分

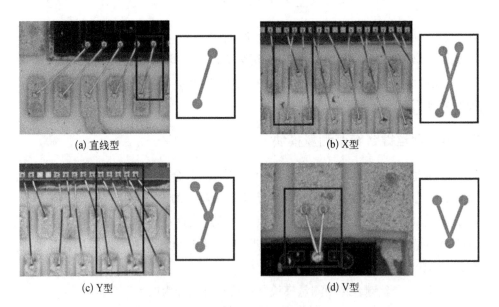

(a) 直线型　　　　　　　　　　　　　(b) X型

(c) Y型　　　　　　　　　　　　　(d) V型

图 8.12　四种金丝分布模型示意图

布类型,本节设计了不同的邻近搜索规则。最后,匹配的对应键合焊点由相同颜色的包围框来表示。

根据金丝键合跨距的定义,需要提取键合焊点的中心。利用键合焊点检测模块,将检测到的键合焊点区域裁剪成小区域。键合焊点不是标准的圆,无法通过霍夫圆检测方法进行拟合。因此,本节采用基于 RANSAC 的圆拟合方法提取键合焊点。

通过上述步骤,可以确定键合焊点中心坐标和所有键合焊点的对应关系。两个对应键合焊点的中心分别命名为 P_1 和 P_2。因此,金丝键合跨距的像素距离可以表示为

$$D_P = \sqrt{(x_{P_1} - x_{P_2})^2 + (y_{P_1} - y_{P_2})^2} \tag{8.15}$$

式中, D_P 为金丝键合跨距的像素距离; x_{P_1}、y_{P_1} 分别为 P_1 在图像中的横、纵坐标; x_{P_2}、y_{P_2} 分别为 P_2 在图像中的横、纵坐标。

相机提前进行标定,这样可以很容易地将像素距离转换为实际距离。具体地,通过测量标准块来确定目标与像素之间的比例关系。相机固定后,通过测量标准测量块的大小,可以得到像素标定系数,公式如下:

$$k = W/N \tag{8.16}$$

式中, k 为一个像素对应的实际尺寸; W 为标准测量块的物理尺寸; N 为标准测量块在图像中的像素大小。同时,在标定过程中也会引入误差。为了消除系统误差,需要进行多次校准来确定实际尺寸 k。因此,键合跨距可以表示为

$$D_B = k \cdot D_P \tag{8.17}$$

式中, D_P 为金丝键合跨距的像素距离; D_B 为金丝键合跨距的实际尺寸。使用视野较小的工业相机可以忽略图像畸变与失真,因此这种金丝键合跨距测量方法是简单有效的。

8.2.7　结果分析

在目标检测中,常用的指标包括准确率、精确率、召回率和评分 F1,通过这些指标可以评价键合区域定位模块和焊点检测模块的性能。同样,在图像分割中,常用的度量指标包括像素精度(PA)、平均像素精度(mean pixel accuracy,MPA)和联合均值交并比(mean intersection over union,MIoU),因此本节通过这些指标来测试金丝分割模块的分割性能。

在键合区域定位模块中,通过定位和提取键合区域来去除背景。图8.13展示了一些金丝键合区域的定位结果。为了评估键合区域定位模块的有效性,本节将键合区域定位模块与Faster R－CNN、YOLOv4、Cascade RCNN[100]、RetinaNet进行比较。表8.2为键合区域定位对比实验结果。键合区域定位模块的准确率为97.5%,精确率为97.8%,召回率为96.1%,评分F1为95.4%,与经典方法相当。此外,本节提出的键合区域定位模块的检测速度最快,这是因为使用了一个卷积层和池化层较少的网络和两个不同的核进行特征提取。实验表明,本节提出的键合区域定位模块在键合区域检测任务中表现出了优异的性能。

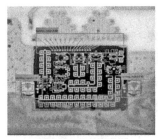 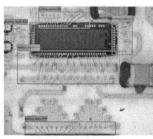 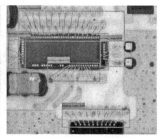

(a) 图像一的定位结果　　　　(b) 图像二的定位结果　　　　(c) 图像三的定位结果

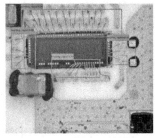 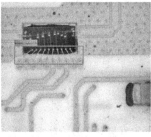 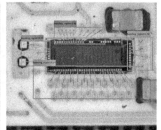

(d) 图像四的定位结果　　　　(e) 图像五的定位结果　　　　(f) 图像六的定位结果

图8.13　金丝键合区域定位结果

表8.2　键合区域定位对比实验结果

方　法	测试集数量	准确率/%	精确率/%	召回率/%	评分 F1/%	运行时间/ms
Faster R－CNN	500	90.8	89.6	92.1	90.8	约 375
YOLOv4	500	91.9	92.7	93.3	93.0	约 296
Cascade RCNN	500	94.0	95.1	94.9	95.0	约 150

续 表

方 法	测试集数量	准确率/%	精确率/%	召回率/%	评分 F1/%	运行时间/ms
RetinaNet	500	**98.1**	95.5	**98.6**	**97.0**	约 96
本节提出的	500	97.5	**97.8**	96.1	95.4	**约 40**

与经典的一级目标检测网络相比,本节提出的焊点检测模块具有两个特点:① 本节设计了一种新的特征提取主干网络,以获得高分辨率的特征映射;② 在网络中应用一个 BiFPN 层来实现高效的特征融合。因此,为了更好地分别测试特征提取主干网络和 BiFPN 的影响,在数据集上构建了一系列消融实验。

首先,将本节提出的特征提取主干网络与其他现有的特征提取网络,如 VGG-19、ResNet-101、DenseNet[101] 和 DetNet 进行对比,结果如表 8.3 所示。本节提出的特征提取主干网络的准确率、精确率、召回率和评分 F1 分别达到了 94.5%、93.0%、94.8% 和 93.9%,均高于其他先进主干网络。通过分析可知,这是因为在特征提取主干网中应用了密集块和膨胀卷积,特别是密集块能有效保持黏接点的特性。此外,扩大的卷积运算可以保持高分辨率的特征映射,从而在特征提取中保持较大的接收域。

表 8.3 特征提取网络消融实验

主干网络	准确率/%	精确率/%	召回率/%	评分 F1/%
VGG-19	75.2	78.6	78.9	78.7
ResNet-101	89.5	87.7	89.1	88.4
DenseNet	91.2	90.8	91.8	91.3
DetNet	93.2	92.7	93.8	93.2
本节提出的	**94.5**	**93.0**	**94.8**	**93.9**

为了评估 BiFPN 的影响,本节提出的焊点检测模块建立了四个不同的网络,分别为 Method-A、Method-B、Method-C 和本节提出的方法。Method-A 表示没有融合层的焊点检测模块;Method-B 表示带有 FPN 的焊点检测模块;Method-C 表示带有 PANet[102] 的焊点检测模块。表 8.4 为提取的黏接区域图像的黏接点检测结果。与不使用 BiFPN 的方法相比,本节提出的方法的检测精度更高。同时,与其他融合方法相比,算法 BiFPN 在检测小键合点方面表现出

了优异的性能。结果表明,BiFPN 算法能够有效地平衡特征融合贡献,在不同的特征映射中获得更多的信息。

表 8.4　BiFPN 层消融实验结果

方　法	融合层	准确率/%	精确率/%	召回率/%	F 测度/%
Method－A	无	79.5	74.7	73.2	73.9
Method－B	FPN	87.3	80.9	82.7	81.8
Method－C	PANet[102]	90.7	91.4	89.6	90.5
本节提出的	BiFPN	**94.5**	**93.0**	**94.8**	**93.9**

  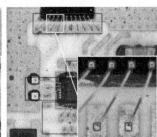

(a) 图像一的检测结果　　　(b) 图像二的检测结果　　　(c) 图像三的检测结果

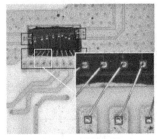 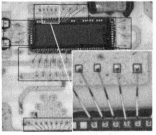 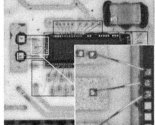

(d) 图像四的检测结果　　　(e) 图像五的检测结果　　　(f) 图像六的检测结果

图 8.14　金丝键合焊点部分检测结果

　　通过上述消融实验,证明本节提出的主干网络和 BiFPN 算法可以更好地提高键合点检测的准确性。为了进一步验证所提出的焊点检测模块的性能,将焊点检测模块与先进的检测方法进行了比较,包括 Faster R － CNN、YOLOv4、Cascade R － CNN、RetinaNet、CenterNet[103]、EfficientDet 和 YOLOR[104],结果如表 8.5 所示。本节提出的焊点检测模块的准确率、精确率、召回率和评分 F1 分别达到了 94.5%、93.0%、94.8% 和 93.9%,均高于其他目标检测方法。这是因为在焊点检测模块中同时使用了密集接和 BiFPN,此外还使用了扩张卷积来提高特征图的分辨率,进而提高小目标的检测能力。金丝键合焊点部分检测结果如图 8.14 所示。

表 8.5　金丝键合焊点检测模块与最先进方法的对比实验结果

方　法	准确率/%	精确率/%	召回率/%	评分 F1/%
Faster R－CNN	78.5	73.7	76.2	77.3
YOLOv4	83.7	82.5	86.5	84.4
Cascade R－CNN	84.5	86.2	87.3	86.7
RetinaNet	88.7	86.3	85.2	87.5
CenterNet	90.6	89.5	89.2	89.3
EfficientDet	90.4	91.2	89.9	90.5
YOLOR	92.6	91.1	93.8	92.4
本节提出的	**94.5**	**93.0**	**94.8**	**93.9**

为了实现高精度的金丝分割,本节提出了一种具有独立边缘分支的金丝分割网络。为了更好地测试增加边缘分支的效率,以金丝键合金丝分割模块为基线,用 Method－D 表示没有边缘分支的网络。边缘分支消融实验结果如表 8.6 所示。由表可以看出,与 Method－D 相比,使用金丝键合金丝分割模块的金丝分割网络在金丝分割方面具有更优异的性能。这是因为金丝数据具有明显的边缘特征。实验表明,本节提出的方法引入边缘分支提高了边缘特征的敏感性。

表 8.6　边缘分支消融实验结果

方　法	边缘分支	PA/%	MPA/%	MIoU/%
Method－D	无	89.2	85.6	83.5
金丝键合金丝分割模块	有	91.8	86.2	87.3

此外,本节还对金丝键合金丝分割模块的损失函数进行了消融研究。由表 8.7 可以看出,L_{ss}、L_e、L_{r1}、L_{r2} 是金丝键合金丝分割模块中的必要元素。具体来说,本节提出的 L_{r1} 和 L_{r2} 极大地提高了金丝分割的精度。

表 8.7　金丝键合金丝分割模块损失函数消融实验

L_{ss}	L_e	L_{r1}	L_{r2}	PA/%	MPA/%	MIoU/%
有	无	无	无	0	0	0
无	有	无	无	0	0	0
无	无	有	无	0	0	0
无	无	无	有	0	0	0
无	有	有	有	0	0	0
有	无	有	有	31.2	25.7	26.5
有	有	无	有	77.1	75.3	76.2
有	有	有	无	75.2	72.3	74.8
有	有	有	有	**91.8**	**86.2**	**87.3**

　　将本节提出的金丝分割网络与目前先进的 FCN[105]、U－Net、Seg－Net[106]、PSP－Net[107]、DeepLabv3+和 CP－Net[108]进行比较。在表 8.8 中,本节提出的金丝分割网络的 PA(91.8%)、MPA(86.2%)和 MIoU(87.3%)均优于其他语义分割网络。图 8.15 展示了使用本节提出的金丝分割网络得到的结果。

表 8.8　金丝分割模块对比实验

网　　络	PA/%	MPA/%	MIoU/%
FCN	78.9	73.6	702
U－Net	80.9	75.6	79.3
Seg－Net	85.1	71.5	79.2
PSP－Net	83.4	79.1	80.9
DeepLabv3+	89.7	84.3	83.1
CP－Net	87.6	81.2	84.6
本节提出的	**91.8**	**86.2**	**87.3**

　　本节研究的目标参数是键合跨距,因此利用集成电路组件验证整个框架的有效性。首先,将本节提出的方法与基于显微镜的测量方法在 20 个集成短路元

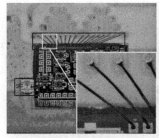
(a) 图像一的分割结果

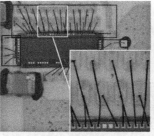
(b) 图像二的分割结果

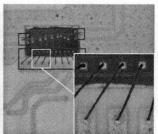
(c) 图像三的分割结果

(d) 图像四的分割结果

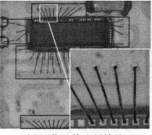
(e) 图像五的分割结果

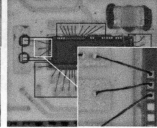
(f) 图像六的分割结果

图 8.15　金丝分割结果

件中进行比较结果如表 8.9 所示。具体来说,本节提出的方法对一张图像的平均处理时间是 0.64 s。对于一个集成电路元件,本节提出的方法平均处理时间大约为 10 s,与基于显微镜的测量方法相比用时少得多。此外,本节提出的方法是自动化完成操作,不需要人工参与。

表 8.9　键合跨距测量对比实验

方　　　法	单张图片处理时间/s	单个元件测量时间/s	类　　　型
基于显微镜的测量方法	—	300	人工
本节提出	**0.64**	**10**	**自动**

本节还验证了键合跨距测量模块在集成电路上的有效性,如图 8.16 所示。将显微镜测量得到的集成电路金丝的键合跨距作为参考值,并从输入的集成电路图像中选择 10 条金丝进行键合实验。为了提高测量的稳健性,本节进行 10 次测量,以获得最终键合跨距的平均值。表 8.10 为 10 条金丝的键合跨距结果,包括参考值、键合跨距平均值、平均误差、标准差和最大误差。由表可知,平均误差、标准差和最大误差分别达到了 0.000 38 mm、0.001 2 mm 和 0.000 3 mm,10

个测量值的平均误差在-0.0008~0.0019 mm。实验结果表明,键合跨距测量模块能够实现高精度的键合跨距测量。图8.17 为键合跨距10次测量的结果。10次测量后的波动很小,表明键合跨距测量框架是稳定的。

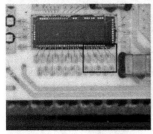  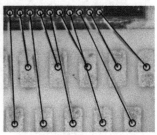

(a) 输入的集成电路图像   (b) 选择10条金丝键合   (c) 测量键合距离

图8.16 利用集成电路图像对键合跨距测量方法进行评价

表8.10 键合跨距测量结果

金丝名称	参考值/mm	键合跨距平均值/mm	平均误差/mm	标准差/mm	最大误差/mm
#1	2.152 1	2.153 5	0.001 4	0.000 7	−0.001 4
#2	1.013 1	1.014 4	0.001 3	0.000 7	0.001 5
#3	2.103 7	2.103 3	−0.000 4	0.001 1	−0.002 0
#4	1.087 0	1.086 2	−0.000 8	0.001 2	0.001 7
#5	2.145 6	2.145 9	0.000 3	0.001 0	0.001 7
#6	1.265 3	1.265 3	0.000 0	0.001 3	−0.002 7
#7	2.168 1	2.167 7	−0.000 4	0.001 3	−0.003 1
#8	2.300 9	2.301 9	0.001 0	0.001 1	0.001 9
#9	1.162 3	1.164 2	0.001 9	0.001 4	0.002 5
#10	1.447 4	1.164 9	−0.000 5	0.002 1	0.002 8
平均值	—	—	0.000 38	0.001 2	0.000 3

经实验验证,本节提出的键合跨距测量方法的平均测量精度为0.000 38 mm,测量过程实现自动化。目前,基于显微镜测量键合跨距的精度为0.005 mm,需人工参与。因此,本节所提出的方法可以满足键合跨距测量的要求。

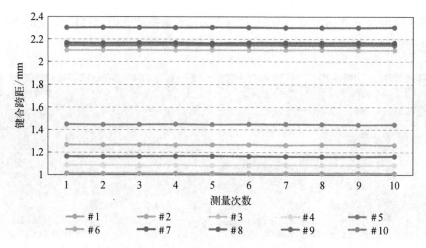

图 8.17　键合跨距 10 次测量的结果

8.3　密闭电子设备多余物检测

随着我国航空航天领域的快速发展,对飞行器密闭电子设备的可靠性提出了更高的要求。密闭电子设备中多余物的存在严重影响飞行器的稳定运行,严重时会引发空难,造成巨大的经济损失及不良的国际社会影响。由于多余物体积小、分布范围广、易被遮挡等,采用现有的目标检测方法对其进行检测时常出现误检、漏检等情况。针对以上问题,本节提出一种基于深度学习的密闭电子设备内腔多余物检测方法,设计一种新的主干网络多余物检测网络(remainder particles detection network,RPDN)与多余物检测框架,可实现多余物的高精准检测。该网络使用卷积-反残差模块(convolution-inverted residual 3,CIR3)高效提取多余物特征,过滤背景信息;设计通道-空间组合注意力模块加快通道和空间特征的融合过程,促进网络学习高语义性特征;最后基于多尺度特征融合机制进行多尺度目标预测。实验结果表明,RPDN 在各种评价指标上均取得了良好的增益效果,在对 1 600×1 128 像素大小的 X 光图像检测中速度达到 13 fps(1 fps = 3.048×10^{-1} m/s),MAP 达到了 85.15%,显著提高了密闭电子设备内腔多余物的检测精度。

8.3.1　多余物特征

通过对密闭电子设备内多余物尺寸、形状及分布规律调查研究发现,多余物检测主要涉及三方面困难,即多余物体积小、多余物被管道遮挡以及多余物与密闭电子设备内部组件形态结构相似,如图 8.18 所示。

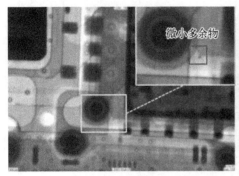 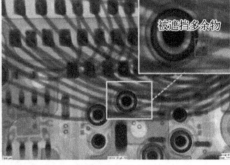

(a) 多余物体积小　　　　　　　　　　　　　(b) 多余物被管道遮挡

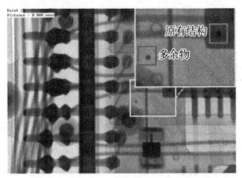

(c) 多余物与密闭电子设备内部组件形态结构相似

图 8.18　多余物检测涉及的问题

（1）多余物体积普遍较小,粒径量级最小可达毫米级,且分布无规律。与其他目标检测样本相比,多余物的特征信息更少,在网络传递过程中极易丢失。

（2）多余物隐匿于密闭电子设备内腔,在检测过程中极易被设备内部复杂构件遮挡造成漏检。

（3）多余物与密闭设备内腔常规位置的细小组件形态结构相似,这些组件极易形成干扰信息,造成多余物的误识别。

8.3.2　多余物检测网络

依据上述多余物检测涉及的三个问题,本节提出一种基于深度学习的密闭设备内腔多余物检测网络——RPDN,其结构如图 8.19 所示,主要包括卷积-反残差模块、组合注意力模块、多尺度特征融合模块和目标检测器。首先,利用卷积-反残差模块提取多余物低层特征,过滤背景信息;然后,利用组合注意力模块强化重要的通道和空间信息,提高中间特征的语义性;最后,利用多尺度特征融合模块捕获高低层语义特征并进行融合,协助目标检测器从多维度进行微小多余物预测。

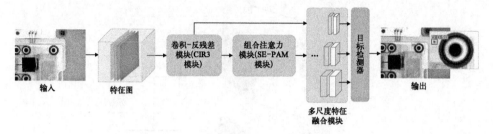

图 8.19　RPDN 结构

RPDN 通过 Focus 模块切割图像,在初始输入为 1 024×1 024 的单通道 X 光图像被切割后,生成 512×512×4 的特征图,再经过 3×3 的卷积操作生成 512×512×32 的特征图。原高分辨率图像经过切割后,每张图像的分辨率降低,使得下一个模块的输入特征图变小。Focus 模块能够提升网络的学习速度,同时降低特征提取的计算复杂度。

采用标准的卷积操作对多余物 X 光图像进行处理时,仍存在微小多余物特征极易丢失的问题。为解决这一问题,本节提出一种将卷积层和反残差层相结合的卷积-反残差模块(CIR3)。该模块从多个维度提取多余物细微特征,最大程度保留多余物高精度特征信息,过滤无效背景信息,以确保训练模型更加精准地检测复杂背景下的微小多余物目标。

如图 8.20 所示,CIR3 由三个卷积层和三个反残差层交替串联组成,其核心单元模块化,降低了网络的连接复杂度。特征图从 CIR1 到 CIR3 需要经过多层卷积和反残差操作,这种结构的优点为:多余物具有特征少、难提取、易丢失等特点,网络从多个维度(如 $H_1 \times W_1 \times 64$、$H_2 \times W_2 \times 128$、$H_3 \times W_3 \times 256$ 等)捕获多余物特征后去粗取精,可保证多余物信息的有效性与完整性。

CIRi(i=1, 2, 3)的卷积层数学表达式如下:

$$x_{\text{bn-}i} = \gamma \left[\frac{x_{\text{conv-}i} - E[x_{\text{conv-}i}]}{\sqrt{\text{Var}[x_{\text{conv-}i}] + \varepsilon}} \right] + \delta \tag{8.18}$$

$$F_{\text{out-}i} = \frac{x_{\text{bn-}i}}{1 + e^{-x_{\text{bn-}i}}} \tag{8.19}$$

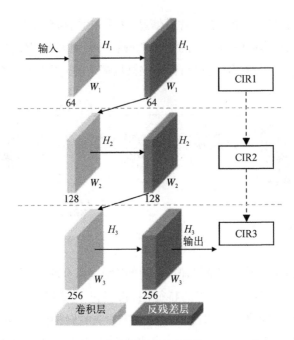

图 8.20　CIR3 结构

式中, $x_{\mathrm{conv}\text{-}i}$ 表示 3×3 卷积运算后的输出; ε 为防归零系数, 取 10^{-5}; 默认情况下, γ 取 1, δ 取 0, 且随着输入大小动态变化; E 表示均值运算; Var 表示方差运算; $x_{\mathrm{bn}\text{-}i}$ 表示归一化运算后的输出, 归一化能防止特征数据在卷积运算后起伏太大造成网络性能波动; $F_{\mathrm{out}\text{-}i}$ 表示激活操作后的输出, 激活函数通过引入非线性因子增强网络健壮性。经过标准卷积得到边缘强化后的多余物特征图。

CIR$i(i=1,2,3)$ 的反残差层结构如图 8.21 所示。

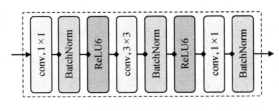

图 8.21　反残差层结构

反残差操作[109]具体步骤如下:

(1) 通过一组 1×1 卷积(conv)、归一化(BatchNorm)、激活(ReLU6)操作, 对通道进行扩张, 达到升维效果;

(2) 对升维后的特征图进行另一组 3×3 卷积、归一化、激活操作, 在每个通

道上独立进行二维卷积运算,提取多余物高层语义信息,该过程通道数保持不变,特征图尺寸缩小;

(3)通过一组 1×1 卷积、归一化操作进行维度还原,线性输出特征图,经过反残差层的维度扩充、深度卷积、维度还原后,提高多余物特征的语义性。

CIR3 使用标准卷积操作得到边缘强化的多余物特征图,该特征图具有更大的感受野,但卷积提取特征的手段过于单一,仅凭卷积难以做到多余物特征的精准提取。因此,在卷积后增加反残差模块,通过通道扩充、深度卷积、通道还原增加网络的学习方式,使模型具有更强的表达能力。一次卷积-反残差操作只能学习到同一层级的多余物特征,对微小多余物来说仍面临着损失重要信息的风险。为确保多余物特征信息的完整性,将卷积-反残差操作循环三次,从多个维度提取多余物特征信息,增强模型的泛化能力。通过 CIR3 中卷积层和反残差层的交替作用,网络可获得多余物区别于其他组件的显著特征。

SENet(squeeze-and-excitation networks,挤压和激励网络)中使用的通道注意力机制帮助网络自发学习最佳的通道权值分布,改善传统卷积神经网络的目标分类效果。CBAM 沿通道和空间两个维度并行推导出注意图(attention maps),并对其进行自适应特征细化,提升网络检测的准确性。DANet[110] 在扩展的全卷积网络上添加的两类注意力模块,分别从空间和通道两个维度对语义相关性进行建模,提高了实例分割的准确性。由此可得,深度学习中注意力机制能够帮助网络选择更好的中间特征,提升模型的性能,同时由于各注意力机制有自身的适用空间,需要根据多余物检测需求设计出专用的注意力模块。

多余物 X 光数据集由单通道图像组成,网络中 Focus、卷积层、C3[111] 等都可能使通道数发生改变,通道相关性成为提升多余物检测精度亟须考虑的重要因素之一。多余物体积小、分布无规律且密闭设备内部结构复杂,空间信息作为一种有效信息来源对多余物检测显得尤为重要。根据以上分析,通道和空间信息都是提升多余物检测精度的关键因素,因此本节提出一种新的通道注意力和空间注意力组合的注意力机制——压缩和激励-位置注意力模块(squeeze and excitation-position attention module, SE-PAM),其结构如图 8.22 所示。图中,F、F'、F'' 表示网络特征,特征尺寸为 $C×W×H$,W_1、W_2、W_3 分别表示各级权重,V_1、V_2 表示压缩出长度为 $C/8$ 的空间向量。通道注意力模块(channel attention module, CAM)通过挖掘通道之间的相互依赖关系,提高特定语义的表征能力。空间注意力模块(position attention module, PAM)对特征图中任意两个位置的空间关系进行建模,用生成的位置残差矩阵为多余物空间特征加权,增强特征图的表达能力。

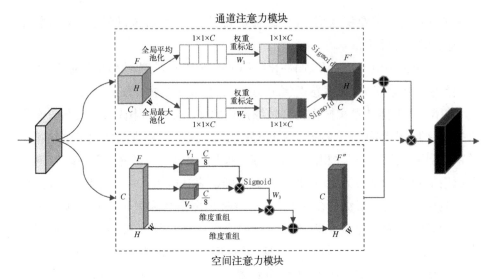

图 8.22 SE‑PAM 结构

通道注意力模块中,基于全局平均池化(global average pooling,GAP)的方法能够较好地强化普通目标物体的通道特征,但是对微小多余物来说,此方法并不能充分利用多余物的通道特征信息,还应考虑特征图的最值响应。因此,本节的通道注意力机制使用全局平均池化和全局最大池化(global max pooling,GMP)相结合的通道加权方式,公式如下:

$$F_1 = \text{Sigmoid}(\text{Li}(\text{ReLU}(\text{Li}(\text{GAP}(F))))) \tag{8.20}$$

$$F_2 = \text{Sigmoid}(\text{Li}(\text{ReLU}(\text{Li}(\text{GMP}(F))))) \tag{8.21}$$

$$F' = F(\alpha F_1 + \beta F_2) \tag{8.22}$$

式中,GAP 和 GMP 分别为全局平均池化和全局最大池化的函数;Sigmoid、ReLU 均为激活函数;Li 为全连接函数;F 表示输入特征图;F_1、F_2 分别为基于全局平均池化、全局最大池化进行通道加权后的特征图;α、β 分别指 F_1、F_2 的占比系数,总和为 1。

对式(8.22)中的 α、β 进行 13 组具有代表性的取值,实验所对应的 mAP 结果如图 8.23 所示。由图可知,在使用组合通道注意力模块时,mAP 结果整体呈先上升后下降的趋势,当 α 取值从 0.2 上升到 0.6 时,mAP 整体呈上升趋势;当取值从 0.6 继续上升到 0.8 时,mAP 不再上升,反而开始下降;当 $\alpha=0.6$、$\beta=0.4$ 时,多余物检测精度达到最大,全局平均池化和全局最大池化达到最佳比例。

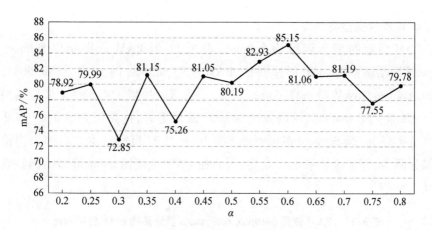

图 8.23　取值对应的多余物检测 mAP

如图 8.22 中通道注意力模块所示,作为待重标定的特征图,同时对其进行全局平均池化和全局最大池化。W_1、W_2 为生成的通道权重。$F' = F(\alpha F_1 + \beta F_2)$ 表示将 F_1 和 F_2 按比例相加后,与待重标定的特征图进行池化操作。$F_1 = \mathrm{Sigmoid}(\mathrm{Li}(\mathrm{ReLU}(\mathrm{Li}(\mathrm{GAP}(F)))))$ 表示 F 平均池化后,经过 Li、ReLU、Li、Sigmoid 等激活函数处理,得到重标定的特征权重 F_1。$F_2 = \mathrm{Sigmoid}(\mathrm{Li}(\mathrm{ReLU}(\mathrm{Li}(\mathrm{GMP}(F)))))$ 表示 F 最大池化后,同样经过 Li、ReLU、Li、Sigmoid 等激活函数处理,得到重标定的特征权重 F_2,与特征图 F 矩阵相乘,得到通道加权后的新特征图 F'。通道注意力模块用全局平均池化和全局最大池化组合的方式融合多余物通道特征,提高了通道特征的利用率。

通道特征加权后,空间特征作为一种有效信息来源同样不能被忽略,因此在组合注意力模块中增加了空间注意力模块(PAM)。PAM 出自 DANet,本节对其进行改进,用 Sigmoid 激活函数替换 PAM 中原有的 Softmax。图 8.24 为改进后的 PAM 结构,它通过矩阵乘法、空间变换快速提取图像中的关键空间域信息,有

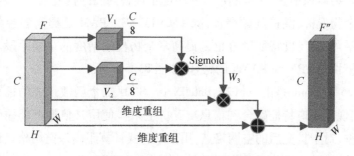

图 8.24　改进后的空间注意力模块

助于提高多余物检测精度。

　　PAM 内置的激活函数为 Softmax,表 8.11 为 PAM 分别使用 Softmax 和 Sigmoid 激活函数时 mAP 结果对比,PAM 使用 Softmax 时 mAP 为 80.60%,使用 Sigmoid 激活函数时 mAP 为 85.15%,平均精度提高了 4.55%。实验结果表明,PAM 使用 Sigmoid 激活函数比 Softmax 效果更好,这是因为 Softmax 多适用于多分类任务,而 Sigmoid 激活函数更适用于二分类任务,本节中多余物检测结果分两类,即多余物和非多余物,因此在 PAM 中使用 Sigmoid 激活函数效果更佳。

表 8.11　PAM 使用 Softmax 和 Sigmoid 激活函数 mAP 结果对比

类　型	PAM+Softmax	PAM+Sigmoid
mAP/%	80.60	85.15

　　如图 8.24 所示,将输入特征图上的任意点都看成长度为 C 的向量,通过两次 1×1 卷积,压缩出长度为 $C/8$ 的空间向量 V_1、V_2,二者相乘得到 $(H×W)×(H×W)$ 大小的空间矩阵;对空间矩阵中任意向量进行归一化、Sigmoid 激活处理后,得到空间权重 W_3;将 W_3 与维度重组后的特征相乘形成残差,加到输入特征图上,得到空间加权后的新特征图。

　　SE – PAM 包含两个并行的注意力模块,通道注意力模块通过池化生成权重矩阵进行通道特征加权,空间注意力模块对特征图任意两个位置的空间关系建模后生成位置残差矩阵进行空间特征加权。将二者所得的特征图相加,然后将结果融入原始输入特征图中,得到组合注意力机制处理后的新特征图。SE – PAM 优化了主干网络的特征提取算法,促进了通道和空间信息的融合。

　　受多余物体积小、分布范围广且密闭电子设备内腔结构复杂等因素的影响,现阶段多余物误检、漏检问题严重,除了 CIR3、SE – PAM 是提高多余物检测精度的重要手段,多尺度特征融合也是提高多余物检测精度的重要手段。多尺度特征融合模块是 FPN 和 PANet 的融合,如图 8.25 所示。

　　图 8.25 中,conv 是由 conv2d、BatchNorm、SiLU 三个函数组成的标准卷积模块,用于实现跨通道特征融合和信息交互。上采样使用二倍最近邻插值法扩大图像分辨率,对于扩充后的空网格点,用数学公式计算距离该空网格点最近的原像素位置,复制其像素值对该点进行填充,如图 8.26 所示,p_1、p_2、p_3 复制距离

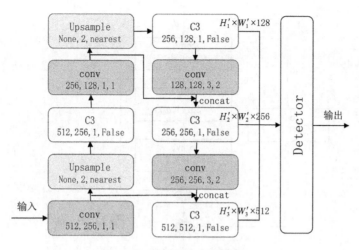

图 8.25　多尺度特征融合模块

它们最近的 p 点像素值 $p(x_1, y_1)$，同样 q_1、q_2、q_3 复制 q 点像素值 $q(x_2, y_2)$。上采样使图像分辨率成倍增加，为后续不同感受野特征图之间的融合奠定了基础。

C3 的结构如图 8.27 所示，输入通道数为 d_1，输出通道数为 d_2，共包含两个分支。分支一进行 1×1 卷积运算；分支二先进行 1×1 卷积运算，

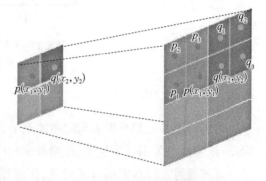

图 8.26　二倍最近邻插值

通道数变为 $d_2/2$，再经过 1×1、3×3 标准卷积模块，以通道先减半后加倍的方式提取特征，该过程通道数不变，然后调用特征加（add）运算将特征图对应位置数据相加，完成残差连接，最后通过通道拼接（concat）运算，将分支一和分支二生成的特征图进行融合。C3 通过分支结构大幅减少模型的重复梯度信息，降低计算成本和内存消耗，提高网络的学习速度。

多尺度特征融合模块首先通过上采样的方式传递强语义特征，经过两次上采样后得到不同感受野的强化特征图。其次，从上到下反复使用 C3 模块消除网络中的重复梯度信息，通过两次 concat 操作帮助网络融合上采样前的特征，同时缩短低层与高层之间的信息传播路径。最后，将多维度特征图输入目标检测器 Detector 进行多尺度目标预测，在测试图像上标出多余物位置，完成检测。

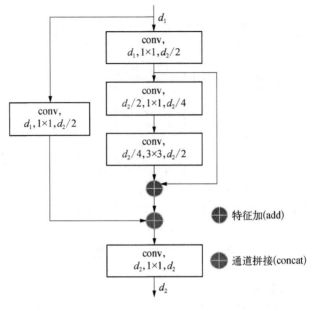

图 8.27   C3 结构

8.3.3   结果分析

本实验用 X 光机照射真实的密闭电子设备,图 8.28 为多余物数据采集装置简图,该装置由 X 射线发生器、控制系统和探测器等组成。X 射线发生器发出单光束垂直照射飞行器密闭电子设备,探测器接收 X 光并将其转换为可见图像,

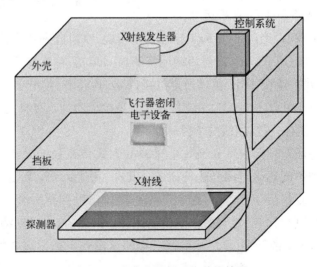

图 8.28   多余物数据采集装置简图

控制系统控制整个照射过程。得到的 X 光图像经筛选后制作成多余物数据集,实验共设置训练集 518 张,验证集 130 张,测试集 107 张,图像分辨率为 1 600×1 128,训练集与验证集的比例为 4∶1,测试集是与训练集、验证集同源的数据集。

本实验平台的配置为:Windows 10 系统、Intel(R) Core(TM) i7-9700 CPU 处理器、32GB 内存、NVIDIA GeForce GTX 1660(6GB 显存)、CUDA10.2、CUDNN7.6.5,RPDN 训练在 Python3.8 和 PyTorch 框架上进行,调用图形处理器(graphics processing unit, GPU)加速训练。

数据集准备完毕后,搭建网络训练环境,训练参数设置如表 8.12 所示。初始输入网络的图像分辨率为 1 024×1 024,batch_size 设置为 4,epoch 设置为 200,初始学习率设置为 0.01,冲量设置为 0.937,防止过拟合的权重衰减系数设置为 $5×10^{-4}$,使用 SGD 优化器迭代训练,无预训练模型,从零开始训练。

表 8.12　训练参数设置

参　　数	数　　值
输入	1 024×1 024
batch_size	4
epoch	200
学习率	0.01
冲量	0.937
权重衰减系数	$5×10^{-4}$

本节使用 mAP 评估算法精度、训练时长,衡量网络的学习速度,精确率 P 表示模型正确预测为多余物的样本数占所有预测为多余物的样本数的比例,召回率 R 表示正确预测为多余物的样本数占所有多余物样本数的比例,F1 为精确率和召回率的调和平均值。

$$P = \frac{TP}{TP + FP}$$

$$R = \frac{TP}{TP + FN}$$

$$F1 = \frac{2}{\dfrac{1}{P} + \dfrac{1}{R}} \tag{8.23}$$

$$mAP = \int_0^1 P(R)\,dR \qquad (8.24)$$

式中,P、R 分别为精确率和召回率;TP(true positive)表示正确预测为多余物的样本数;FP(false positive)表示非多余物被预测为多余物的样本数;FN(false negative)表示多余物被预测为非多余物的样本数。F1 作为精确率和召回率的综合衡量指标,将 P、R 放在同等重要的位置,当 P、R 均较大时,F1 取较大值。根据 mAP 评估算法精度,以 P/R 曲线的积分值作为结果,P/R 曲线下降趋势越缓,检测性能越稳定,mAP 取值越大。

接下来基于 YOLOv5 网络验证 CIR3 和 SE‐PAM 的有效性。YOLOv5 分为 backbone 和 head 前后两部分,本节提出的 CIR3 主要应用于特征提取,功能类似于 YOLOv5 的 backbone,因此本次共设计两组实验,YOLOv5 backbone+YOLOv5 head 与 CIR3+YOLOv5 head,在相同的软件和硬件环境下进行训练和测试,测试结果如表 8.13 所示。

表 8.13 CIR3 对 YOLOv5 检测性能的影响

网　　络	YOLOv5 backbone+YOLOv5 head	CIR3+YOLOv5 head
精确率/%	**89.78**	89.19
召回率/%	78.34	**84.08**
mAP/%	73.84	**80.00**

表 8.13 中,YOLOv5 backbone+YOLOv5 head 组 mAP 为 73.84%,CIR3+YOLOv5 head 组 mAP 为 80.00%,比前者提高了 6.16%。此外,两组实验精确率相近,召回率后者比前者高 5.74%。实验结果表明,第二组的检测效果明显优于第一组,这是因为最小多余物粒径达到毫米级,属于微小目标检测,一般的目标检测算法已不再适用,这也验证了 CIR3 在微小多余物特征提取方面更具有优势。

为评估本节提出的组合注意力机制 SE‐PAM 的性能,以 YOLOv5 为基准网络,设计了无注意力组、通道注意力组、空间注意力组和组合注意力组四组实验,记为 YOLOv5、YOLOv5+SE、YOLOv5+PAM、YOLOv5+SE‐PAM,通过精确率、召回率、mAP 三个指标评估不同注意力机制对 YOLOv5 检测性能的影响,实验结果如表 8.14 所示。

表 8.14　不同注意力机制对 YOLOv5 检测性能的影响

网　　络	精确率/%	召回率/%	mAP/%
YOLOv5	89.78	78.34	73.84
YOLOv5+SE	90.18	77.85	74.78
YOLOv5+PAM	90.23	76.43	74.96
YOLOv5+SE－PAM	**95.45**	**80.25**	**78.80**

由表 8.14 可知,YOLOv5 组 mAP 为 73.84%,YOLOv5+SE 组 mAP 为 74.78%,比 YOLOv5 组高 0.94%,YOLOv5＋PAM 组 mAP 为 74.96%,比 YOLOv5 组高 1.12%,证明注意力机制对提升多余物检测精度更有效。YOLOv5+SE－PAM 组 mAP 为 78.80%,比 YOLOv5 组高 4.96%,说明组合注意力机制 SE－PAM 对多余物检测精度的提升效果更加显著。此外,YOLOv5+SE－PAM 组精确率达 95% 以上,召回率达 80% 以上,明显高于其他组,这是因为 SE－PAM 加快了多余物通道和空间特征的融合过程,促进了网络学习高语义性特征,增强了模型的泛化能力。消融实验验证了 SE－PAM 的有效性。

本节使用目前最流行的单阶段检测网络 YOLOv4、EfficientDet、YOLOv5 与 RPDN 进行对比实验,所有的实验都在同一软件和硬件环境下进行,使用相同的训练集、验证集从零开始训练,在同一个测试集上进行测试。

表 8.15 为多余物训验集在四种网络中的训练时长,训练均在 1.5~2.5 h 完成。与二阶段网络相比,单阶段网络的学习速度普遍更快、计算资源消耗更少。四种网络中 EfficientDet 训练速度最快,仅用时 1.62 h,YOLOv4、YOLOv5 的训练时长分别为 2.167 h、1.801 h,RPDN 训练速度最慢,耗时 2.235 h,这是因为 RPDN 在小目标特征提取方面做了很多工作,提升多余物检测精度的同时计算复杂度略有增加。

表 8.15　多余物训验集在四种网络中的训练时长

网络	YOLOv4	EfficientDet	YOLOv5	RPDN
训练时长/h	2.167	1.62	1.801	2.235

表 8.16 为四种网络在多余物测试集中的检测结果,可根据表中不同网络的精确率、召回率、F1、mAP 对比结果衡量网络的性能。

表 8.16 四种网络在多余物测试集中的检测结果

网 络	精确率 P/%	召回率 R/%	评分 F1	平均精度 mAP/%
YOLOv4	73.16	68.54	0.70	67.70
EfficientDet	92.86	16.56	0.28	73.24
YOLOv5	89.78	78.34	0.84	73.84
RPDN	**93.88**	**87.90**	**0.91**	**85.15**

由表 8.16 可知,YOLOv4 网络的 mAP 为 67.70%,EfficientDet 网络的 mAP 为 73.24%,YOLOv5 网络的 mAP 为 73.84%,而 RPDN 网络的 mAP 达到 85.15%,比 YOLOv4 高 17.45%,比 EfficientDet 高了 11.91%,比 YOLOv5 高 11.31%,说明 RPDN 的检测精度最高。此外,RPDN 的精确率达 93%以上,召回率达 87%以上,F1 达到 0.91,RPDN 各项指标明显优于其他网络,这是因为针对多余物特征的特殊性及密闭电子设备结构的复杂性,RPDN 设计了更加完善的特征提取网络,采用了更加有效的多尺度预测方式。因此,RPDN 在多余物检测中表现出高精度、高稳定性。

在相同实验条件下,EfficientDet 是所有网络中训练耗时最短的,对应的资源消耗也是最少的,但是召回率低,多余物误判为非多余物的概率明显增加,测试时表现为漏检情况频发。YOLOv4 和 YOLOv5 网络的各项指标明显低于 RPDN,这是因为多余物最小量级达毫米级,普通的目标特征提取方法已不再适用,RPDN 细化后的特征提取网络更适用于微小目标检测。

图 8.29 为四种网络在多余物测试集中的检测结果。图 8.29(a) 为真实标签,图 8.29(b) ~ (e) 依次为 YOLOv4、EfficientDet、YOLOv5、RPDN 在多余物测试集上的检测结果,由上到下为图像进行排序,RP 标出真实多余物所在位置。

图 8.29 中,图片①、②展示了当 X 光图像中存在较多零散分布的微小多余物时四种网络的检测性能。由图可以看出,RPDN 对图片①、②的检测完整度最高,YOLOv4、YOLOv5 在图片①、②上严重漏检,EfficientDet 在两张图片上都有明显的漏检发生,验证了前面提出的 EfficientDet 召回率低导致漏检情况频发的观点。图片③、④展示了多余物被密闭电子设备内部管道遮挡的情况下各种网络的检测性能,其中 YOLOv4 检测效果最差,两张均未检出,EfficientDet、YOLOv5 各检出一张,RPDN 全部检出,证明多余物被管道遮挡的情况下 RPDN 检测性能更加稳定。图片⑤、⑥展示了当密闭电子设备内腔中存在较多与多余物形态结

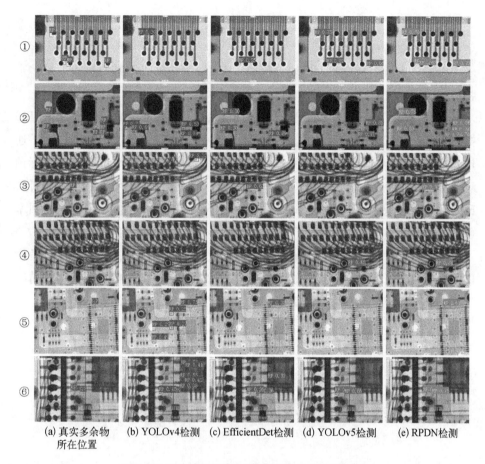

　(a) 真实多余物　　(b) YOLOv4检测　　(c) EfficientDet检测　　(d) YOLOv5检测　　(e) RPDN检测
　　所在位置

图 8.29　四种网络在多余物测试集中的检测结果

构相似的细小组件时各网络的检测性能,与真实标签相比,YOLOv4 将相似组件误检为多余物的概率最大,EfficientDet 正检一张,在图片⑥有误检事件发生,YOLOv5 正检一张,在图片⑤有漏检事件发生,RPDN 正检两张,证明密闭设备内腔存在相似细小组件干扰的情况下 RPDN 对多余物仍具有良好的判断能力。这组对比实验展示了 RPDN 在多余物检测时的优良性能,说明能够满足多余物高精准检测的需求。

8.4　小结

　　本章主要内容包括以下几方面:

（1）提出了卷积-反残差模块（CIR3），通过消融实验证明了 CIR3 对微小多余物特征提取的有效性。

（2）提出了组合注意力模块（SE-PAM），实验结果表明其明显提高了多余物检测精度。

（3）提出了一种基于深度学习的密闭设备内腔多余物检测方法，利用 CIR3 提取了多余物细微特征，通过通道-空间组合注意力模块（SE-PAM）加强了通道和空间特征的信息融合，最后通过多尺度特征融合模块进行了高效的目标预测。实验结果显示，在 GTX1660 显卡上，针对 1 600×1 128 大小的 X 光图像，RPDN 的检测速度可达 13 fps，mAP 可达 85.15%，精确率可达 93% 以上，召回率可达 87% 以上，能满足密闭电子设备内部微小多余物的高精准检测需求。

实验中，将所有多余物归纳为一类。事实上，从多余物粒径范围或成分角度进行分析，多余物可以划分为数十种，因此在保证不减小检测精度和速度的情况下，未来应进一步研究多余物细粒度分类等内容，以满足更高的识别需求。

参考文献

[1]   Marr D. Vision: A computational investigation into the human representation and processing of visual information[M]. New York: W. H. Freeman and Company, 1982.

[2]   王凤云,郑纪业,唐研,等. 机器视觉在我国农业中的应用研究进展分析 [J]. 山东农业科学,2016,48(4):139-144.

[3]   朱云,凌志刚,张雨强. 机器视觉技术研究进展及展望[J]. 图学学报, 2020,41(6):871-890.

[4]   周宝仓,吕金龙,肖铁忠,等. 机器视觉技术研究现状及发展趋势[J]. 河南科技,2021,40(31):18-20.

[5]   LeCun Y, Bottou L, Bengio Y, et al. Gradient-based learning applied to document recognition [J]. Proceedings of the Institute of Electrical and Electronics Engineers, 1998, 86(11): 2278-2323.

[6]   Krizhevsky A, Sutskever I E, Hinton G. ImageNet classification with deep convolutional neural networks [C]. International Conference on Neural Information Processing Systems, 2012: 1097-1105.

[7]   Simonyan K, Zisserman A. Very deep convolutional networks for large-scale image recognition[C]. International Conference of Learning Representation, 2015: 1409.

[8]   Szegedy C, Liu W, Jia Y Q, et al. Going deeper with con-volutions[C]. Institute of Electrical and Electronics Engineers Conference on Computer Vision and Pattern Recognition, 2015: 1-9.

[9]   He K M, Zhang X Y, Ren S Q, et al. Deep residual learning for image recognition[C]. Institute of Electrical and Electronics Engineers Conference

on Computer Vision and Pattern Recognition, 2016: 770 − 778.

[10] Lowe D G. Distinctive image features from scale invariant key points[J]. International Journal of Computer Vision, 2004, 60(2): 91 − 110.

[11] Dalal N, Triggs B. Histograms of oriented gradients for human detection [C]. Porceedings of Institute of Electrical and Electronics Engineers Computer Society Conference on Computer Vision and Pattern Recognition (CVPR), 2005: 886 − 893.

[12] 凌晨,张鑫彤,马雷. 基于 Mask R-CNN 算法的遥感图像处理技术及其应用[J]. 计算机科学,2020,47(10): 151 − 160.

[13] Ren S, He K, Girshick R, et al. Faster R-CNN: Towards real-time object detection with region proposal networks [J]. Institute of Electrical and Electronics Engineers Transactions on Pattern Analysis&Machine Intelligence, 2017, 39(6): 1137 − 1149.

[14] He K M, Gkioxari G, Dollár P, et al. Mask R-CNN[C]. 2017 Institute of Electrical and Electronics Engineers International Conference on Computer Vision(ICCV), 2017: 322.

[15] Long J, Shelhamer E, Darrell T. Fully convolutional networks for semantic segmentation[C]. Proceedings of the 2015 Institute of Electrical and Electronics Engineers Conference on Computer Vision and Pattern Recognition, 2015: 3431 − 3440.

[16] Ronneberger O, Fischer P, Brox T. U-net: Convolutional networks for biomedical image segmentation [C]. International Conference on Medical Image Computing and Computer-assisted Intervention (MICCAI 2015), 2015: 234 − 241.

[17] Chen L C, Papandreou G, Kokkinos I, et al. Semantic image segmentation with deep convolutional nets and fully connected CRFs[EB/OL]. [2018 − 08 − 09]. https://ui. adsabs. harvard. edu/abs/2014arXiv1412. 7062C/abstract.

[18] Chen L C, Papandreou G, Kokkinos I, et al. DeepLab: Semantic image segmentation with deep convolutional nets, atrous convolution, and fully connected CRFs [J]. Institute of Electrical and Electronics Engineers Transactions on Pattern Analysis and Machine Intelligence, 2016, 40(4): 834 − 848.

［19］ Chen L C, Papandreou G, Schroff F, et al. Rethinking atrous convolution for semantic image segmentation［EB/OL］.［2018 - 05 - 09］. https://arxiv. org/pdf/1706. 05587. pdf.

［20］ Chen L C, Zhu Y, Papandreou G, et al. Encoder-decoder with atrous separable convolution for semantic image segmentation［EB/OL］.［2018 - 08 - 09］. https://arxiv. org/pdf/1802. 02611v1. pdf.

［21］ 张文俊. 机器视觉目标跟踪算法研究［D］. 太原：太原科技大学,2014.

［22］ 高铭. 基于深度学习的复杂交通环境下目标跟踪与轨迹预测研究［D］. 长春：吉林大学,2020.

［23］ Wang L J, Ouyang W L, Wang X G, et al. Visual tracking with fully convolutional networks［C］. Proceedings of the Institute of Electrical and Electronics Engineers International Conference on Computer Vision, 2015： 3119 - 3127.

［24］ 尹仕斌,任永杰,刘涛,等. 机器视觉技术在现代汽车制造中的应用综述 ［J］. 光学学报,2018,38(8)：11 - 22.

［25］ 翟敬梅,董鹏飞,张铁. 基于视觉引导的工业机器人定位抓取系统设计 ［J］. 机械设计与研究,2014(5)：31 - 33.

［26］ 季旭全,王君臣,赵江地,等. 基于机器人与视觉引导的星载设备智能装 配方法［J］. 机械工程学报,2018,54(23)：45 - 49.

［27］ 张旭辉,周创,张超,等. 基于视觉测量的快速掘进机器人纠偏控制研究 ［J］. 工矿自动化,2020,46(9)：21 - 26.

［28］ 孔飞,张川,冯日华,等. 汽车车身漆膜缺陷自动检测系统［J］. 现代涂料 与涂装,2017,20(3)：57 - 61.

［29］ 智通教育教材编写组. ABB 工业机器人视觉集成应用精析［M］. 北京：机 械工业出版社,2021.

［30］ 孙学宏,张文聪,唐冬冬. 机器视觉技术及应用［M］. 北京：机械工业出版 社,2021.

［31］ 肖苏华. 机器视觉技术基础［M］. 北京：化学工业出版社,2020.

［32］ 张明文,王璐欢. 工业机器人数据技术及应用［M］. 北京：人民邮电出版 社,2020.

［33］ 刘东. 工业机器视觉：基于灵闪平台的开发及应用［M］. 上海：上海教育 出版社,2020.

［34］　Gonzalez R C, Woods R E. Digital image processing［M］. Boston：Addison-Wesley, 2010.

［35］　姚敏. 数字图像处理［M］. 北京：机械工业出版社,2014.

［36］　Beauchemin M. Image thresholding based on semivariance［J］. Pattern Recognition Letters, 2013, 34(5)：456 - 462.

［37］　Otsu N. A threshold selection method from gray level histograms［J］. Institute of Electrical and Electronics Engineers Transactions on Systems, Man and Cybernetics, 2007, 9(1)：62 - 66.

［38］　左飞. 数字图像处理：原理与实践(MATLAB 版)［M］. 北京：电子工业出版社,2014.

［39］　Canny J. A computational approach to edge detection［J］. Institute of Electrical and Electronics Engineers Transactions on Pattern Analysis and Machine Intelligence, 1987, 8(6)：184 - 203.

［40］　Bay H, Tuytelaars T, Gool L G V. SURF：Speeded up robust features［C］. The 9th European Conference on Computer Vision, 2006：404 - 417.

［41］　何东健. 数字图像处理［M］. 西安：西安电子科技大学出版社,2015.

［42］　黄鹏,郑淇,梁超. 图像分割方法综述［J］. 武汉大学学报(理学版),2020, 66(6)：519 - 531.

［43］　Goodfellow I, Bengio Y, Courville A. 深度学习［M］. 北京：人民邮电出版社,2017.

［44］　Aurélien Géron. 机器学习实战：基于 Scikit-Learn 和 TensorFlow［M］. 北京：机械工业出版社,2018.

［45］　Chollet F. Python 深度学习［M］. 北京：人民邮电出版社,2018.

［46］　Patterson J, Gibson A. 深度学习基础与实践［M］. 北京：人民邮电出版社,2019.

［47］　周志华. 机器学习［M］. 北京：清华大学出版社,2016.

［48］　每日经济新闻. 中国工程院原院长徐匡迪：到本世纪中叶我国会出现大量废钢积蓄,废钢利用可在全国"撒开做"［EB/OL］.［2021 - 06 - 22］. https://mbd. baidu. com/newspage/data/landingsuper?context =%7B%22nid% 22%3A%22news_9423041299654073465%22%7D&n_type=0&p_from=1.

［49］　产业信息网. 2020 年中国废钢铁回收产业发展现状及未来发展趋势分析：废钢使用量达 220. 3 百万吨［EB/OL］.［2021 - 07 - 05］. https://

www. chyxx. com/industry/202107/961054. html.

[50] Heartexlabs. LabelImg[EB/OL]. [2022 − 09 − 23]. https://github. com/ heartexlabs/labelImg.

[51] Russell B C, Torralba A, Murphy K P, et al. LabelMe: A database and web-based tool for image annotation[J]. International Journal of Computer Vision, 2008, 77: 157 − 173.

[52] Yang W J, Hui Y T. Image scene analysis based on improved FCN model [J]. International Journal of Pattern Recognition and Artificial Intelligence, 2021, 35(15): 1 − 17.

[53] Awan M J, Masood O, Mohammed M A, et al. Image-based malware classification using VGG19 network and spatial convolutional attention[J]. Electronics, 2021, 10(19): 2444.

[54] Astha S, Divya K. Detection of stress, anxiety and depression (SAD) in video surveillance using ResNet − 101[J]. Microprocessors and Microsystems, 2022, 95: 104681.

[55] Lin T Y, Dollar P, Girshick R, et al. Feature pyramid networks for object detection[C]. Institute of Electrical and Electronics Engineers Conference on Computer Vision and Pattern Recognition, 2017: 2117 − 2125.

[56] Redmon J, Farhadi A. YOLOv3: An incremental improvement[J]. arXiv e-prints, 2018, arXiv: 1804. 02767.

[57] 马文,陈庚,李昕洁,等. 基于朴素贝叶斯算法的中文评论分类[J]. 计算机应用,2021,41(S2): 31 − 35.

[58] Hu J, Shen L, Sun G. Squeeze-and-excitation networks[C]. Institute of Electrical and Electronics Engineers Conference on Computer Vision and Pattern Recognition, 2018: 7132 − 7141.

[59] Woo S, Park J, Lee J Y, et al. CBAM: Convolutional block attention module[C]. European Conference on Computer Vision (ECCV), 2018: 3 − 19.

[60] Luo R Q, Xu J, Zuo H F. Automated surface defects acquisition system of civil aircraft based on unmanned aerial vehicles[C]. Institute of Electrical and Electronics Engineers International Conference on Civil Aviation Safety and Information Technology, 2020: 729 − 733.

[61] Shang J Z, Sattar T P, Chen S W, et al. Design of a climbing robot for inspecting aircraft wings and fuselage[J]. Design of a Climbing Robot for Inspecting Aircraft Wings and Fuselage, 2007, 34(6): 495 - 502.

[62] Jovančević I. Automated exterior inspection of an aircraft with a pan-tilt-zoom camera mounted on a mobile robot[J]. Journal of Electronic Imaging, 2015, 24(6): 1 - 15.

[63] Blokhinov Y B, Gorbachev V A, Nikitin A D, et al. Technology for the visual inspection of aircraft surfaces using programmable unmanned aerial vehicles[J]. Journal of Computer and Systems Sciences International, 2019, 58(6): 960 - 968.

[64] Hover F S, Eustice R M, Kim A, et al. Advanced perception, navigation and planning for autonomous in-water ship hull inspection [J]. The International Journal of Robotics Research, 2012, 31(12): 1445 - 1464.

[65] Helsgaun K. An effective implementation of the Lin-Kernighan traveling salesman heuristic[J]. European Journal of Operational Research, 2000, 126(1): 106 - 130.

[66] Sertac K, Emilio F. Sampling-based algorithms for optimal motion planning [J]. International Journal of Robotics Research, 2011, 30(7): 846 - 894.

[67] Dornhege C, Kleiner A, Kolling A. Coverage search in 3D[C]. 2013 Institute of Electrical and Electronics Engineers International Symposium on Safety, Security, and Rescue Robotics, 2013: 2374 - 3247.

[68] Bircher A, Alexis K, Burri M, et al. Structural inspection path planning via iterative viewpoint resampling with application to aerial robotics[C]. 2015 Institute of Electrical and Electronics Engineers International Conference on Robotics and Automation (ICRA), 2015: 1050 - 4729.

[69] Bircher A, Kamel M, Alexis K, et al. Three-dimensional coverage path planning via viewpoint resampling and tour optimization for aerial robots[J]. Autonomous Robots, 2016, 40(6): 1059 - 1078.

[70] Galceran E, Campos R, Palomeras N, et al. Coverage path planning with realtime replanning for inspection of 3D underwater structures[C]. 2014 Institute of Electrical and Electronics Engineers International Conference on Robotics and Automation(ICRA), 2014: 6586 - 6591.

［71］ Almadhoun R, Taha T, Gan D, et al. Coverage path planning with adaptive viewpoint sampling to construct 3D models of complex structures for the purpose of inspection［C］. Intelligent robots and systems, 2018: 7047 - 7054.

［72］ 陈柳金,何法江,吕鸿雁. 民用航空发动机叶片损伤研究［J］. 物流科技, 2022,45(1): 59 - 61.

［73］ Bochkovskiy A, Wang C Y, Liao H Y M. YOLOv4: Optimal speed and accuracy of object detection［C］. Proceedings of the Institute of Electrical and Electronics Engineers Conference on Computer Vision and Pattern Recognition(CVPR), 2020: 17.

［74］ Szegedy C, Ioffe S, Vanhoucke V, et al. Inception-v4, inception-resNet and the impact of residual connections on learning［C］. Thirty-First Association for the Advancement of Artificial Intelligence Conference on Artificial Intelligence, 2017: 4278 - 4284.

［75］ Jang E, Gu S X, Poole B. Categorical reparameterization with gumbel-softmax［J］. arXiv e-prints, 2016, 5: 1 - 13.

［76］ Lin T Y, Goyal P, Girshick R, et al. Focal loss for dense object detection ［C］. Institute of Electrical and Electronics Engineers International International Conference on Computer Vision, 2017: 2980 - 2988.

［77］ Li D, Li Y, Xie Q, et al. Tiny defect detection in high-resolution aero-engine blade images via a coarse-to-fine framework［C］. Institute of Electrical and Electronics Engineers Transactions on Instrumentation and Measurement, 2021: 1 - 2.

［78］ Qi S, Yang J, Zhong Z. A review on industrial surface defect detection based on deep learning technology［C］. International Conference on Machine Learning, 2020: 24 - 30.

［79］ 汪星明,邢誉峰. 三维编织复合材料研究进展［J］. 航空学报,2010, 31(5): 914 - 927.

［80］ 李嘉禄. 三维编织技术和三维编织复合材料［J］. 新材料产业,2010(1): 46 - 49.

［81］ 王一博,刘振国,胡龙,等. 三维编织复合材料研究现状及在航空航天中应用［J］. 航空制造技术,2017(19): 78 - 85.

[82] OpenCV. OpenCV-Python tutorials[EB/OL]. [2019-10-09]. https://docs. opencv. org/4. 1. 2/d6/d00/tutorial_py_root. html.

[83] 侯宾,张文志,戴源成,等.基于 OpenCV 的目标物体颜色及轮廓的识别方法[J].现代电子技术,2014,37(24):76-79,83.

[84] 李威,郭权锋.碳纤维复合材料在航天领域的应用[J].中国光学,2011,4(3):201-212.

[85] 李光友,刘肖光,邹佩君,等.国产碳纤维在风电叶片主梁上的应用研究[J].纺织导报,2021(10):59-60.

[86] 胡文.碳纤维布加固修复建筑结构技术探讨[J].江西建材,2022(3):166-167.

[87] Ge Z, Liu S T, Wang F, et al. YOLOX: Exceeding YOLO series in 2021[C]. Computer Vision and Pattern Recognition(CVPR), 2021: 12105-12114.

[88] Vaswani A, Shazeer N, Parmar N, et al. Attention is all you need[C]. Advances in Neural Information Processing Systems, 2017: 5998-6008.

[89] 文海琼,李建成.基于直方图均衡化的自适应阈值图像增强算法[J].中国集成电路,2022,31(3):38-42,71.

[90] 沈真.碳纤维复合材料在飞机结构中的应用[J].高科技纤维与应用,2010,35(4):1-4,24.

[91] 葛曷一,柳华实,陈娟.PAN 原丝至碳纤维缺陷的形成与遗传性[J].合成纤维,2009,38(2):21-25.

[92] 周越,李硕.基于帧差法的运动车辆检测算法研究[J].电子世界,2021(3):35-36.

[93] Yang X, Yan J, Feng Z, et al. R3det: Refined single-stage detector with feature refinement for rotating object[C]. Association for the Advancement of Artificial Intelligence Conference on Artificial Intelligence, 2021: 3163-3171.

[94] Rezatofighi H, Tsoi N, Gwak J Y, et al. Generalized intersection over union: A metric and a loss for bounding box regression[C]. IEEE/CVF Conference on Computer Vision and Pattern Recognition, 2019: 658-666.

[95] Zheng Z, Wang P, Liu W, et al. Distance-IoU loss: Faster and better learning for bounding box regression[C]. Association for the Advancement of

Artificial Intelligence Conference on Artificial Intelligence, 2020: 12993 – 13000.

［96］ Tan M X, Pang R M, Le Q V. EfficientDet: Scalable and efficient object detection［C］. IEEE/CVF Conference on Computer Vision and Pattern Recognition,2020: 1 – 7.

［97］ Li Z M, Chao P, Gang Y, et al. DetNet: A backbone network for object detection［J］. Computer Vision and Pattern Recognition, 2018, 1: 1 – 17.

［98］ Tensorflow. Models［EB/OL］. ［2021 – 09 – 02］. https://github. com/ tensorflow/models/tree/master/research/deeplab.

［99］ Zhang Q. A novel ResNet101 model based on dense dilated convolution for image classification［J］. SN Applied Sciences, 2021, 4(1): 1 – 13.

［100］ Cai Z W, Vasconcelos N. Cascade R-CNN: Delving into high quality object detection［C］. IEEE/CVF Conference on Computer Vision and Pattern Recognition, 2018: 6154 – 6162.

［101］ Huang G, Liu Z, Laurens V, et al. Densely connected convolutional networks［C］. Institute of Electrical and Electronics Engineers Computer Society, 2016: 2261 – 2269.

［102］ Liu S, Qi L, Qin H, et al. Path aggregation network for instance segmentation［C］. 2018 IEEE/CVF Conference on Computer Vision and Pattern Recognition(CVPR), 2018: 8759 – 8768.

［103］ Duan K, Bai S, Xie L, et al. CenterNet: Keypoint triplets for object detection［J］. Computer Vision and Pattern Recognition, 2019 (1): 1 – 10.

［104］ Wang C Y, Yeh I H, Liao H. You only learn one representation: Unified network for multiple tasks［J］. Computer Vision and Pattern Recognition, 2021, 10: 1 – 11.

［105］ Lee K, Na J, Sohn J, et al. Image recognition algorithm for maintenance data digitization: CNN and FCN［J］. Transactions of the Korean Society for Noise and Vibration Engineering, 2020, 30(2): 136 – 142.

［106］ Badrinarayanan V, Kendall A, Cipolla R. Segnet: A deep convolutional encoder-decoder architecture for image segmentation［J］. Institute of Electrical and Electronics Engineers Transactions on Pattern Analysis and

Machine Intelligence, 2017, 39(12): 2481 - 2495.

[107] Zhao H, Shi J, Qi X, et al. Pyramid scene parsing network[J]. Institute of Electrical and Electronics Engineers Computer Society, 2016, 8: 6230 - 6239.

[108] Yu C, Wang J, Gao C, et al. Context prior for scene segmentation[C]. 2020 IEEE/CVF Conference on Computer Vision and Pattern Recognition (CVPR), 2020: 12413 - 12422.

[109] Sandler M, Howard A, Zhu M, et al. Mobilenetv2: Inverted residuals and linear bottlenecks[C]. Institute of Electrical and Electronics Engineers Conference on Computer Vision and Pattern Recognition, 2018: 4510 - 4520.

[110] Fu J, Liu J, Tian H, et al. Dual attention network for scene segmentation [C]. IEEE/CVF Conference on Computer Vision and Pattern Recognition, 2019: 3146 - 3154.

[111] Wang C Y, Liao H Y M, Wu Y H, et al. CSPNet: A new backbone that can enhance learning capability of CNN[C]. IEEE/CVF Conference on Computer Vision and Pattern Recognition Workshops, 2020: 390 - 391.